수학 소녀의 비밀노트

반가워 미분

수학 소녀의 비밀노트
반가워 미분

2015년 11월 25일 1판 1쇄 발행
2023년 6월 30일 2판 3쇄 발행

지은이 | 유키 히로시
옮긴이 | 이인숙
펴낸이 | 양승윤

펴낸곳 | (주)와이엘씨
　　　　서울특별시 강남구 강남대로 354 혜천빌딩 15층
　　　　(전화) 555-3200 (팩스) 552-0436

출판등록 | 1987. 12. 8. 제1987-000005호
http://www.ylc21.co.kr

값 17,500원

ISBN 978-89-8401-245-5 04410
ISBN 978-89-8401-240-0 (세트)

영림카디널은 (주)와이엘씨의 출판 브랜드입니다.
● 소중한 기획 및 원고를 이메일 주소(editor@ylc21.co.kr)로 보내주시면,
　출간 검토 후 정성을 다해 만들겠습니다.

수학 소녀의 비밀노트

반가워 미분

유키 히로시 지음
이인숙 옮김
전국수학교사모임 감수

전국수학
교사모임
추천도서

일본수학
협회 출판상
수상

영림카디널

처음부터 인류가 변화를 관찰한 것은 아닙니다. 수백만 년의 시간이 흘러서야 자연의 변화에 대해 조금씩 익숙해져 갔습니다. 처음부터 시간이라는 추상적인 대상을 인식하지는 않았지만

태양이 뜨고 지고

달이 뜨고 지고

별들이 움직이는 현상을 수백만 번을 본 후에야

그들 사이의 관계를 시간이라는 도구를 통해 조금이나마 바라보기 시작했습니다. 이 모든 문화인류학적 관점을 한마디로 표현하면, 인간은 변하는 자연의 섭리를 수백만 번의 관찰을 통해 조심스럽게 한두 가지의 특징을 찾게 되면 이를 그 후손에게 전달해가며 불규칙해 보이는 자연에서 보석 같은 규칙을 축적해 그 후손에게 전달했던 것입니다.

인간은 초기에 변하지 않는 근본인 아르케에 관심을 갖고 변하는 세상 속에서 변하지 않는 진리를 찾으려 노력했습니다. 그들 중 한 무리의 소피스트들은 변하지 않는 자연의 본질을 수로 간주하고 수의 연산 형식을 통해 자연의 본질을 볼 수 있다고 생각했어요. 하지만 자연은 호락호락하지 않았습니다. 그것은 자연이 변하지 않는 것이 아니라 늘 변화하는 특징이 있어 자연을 관찰하는 것조차도 만만치 않았기 때문입니다. 그런데 이 변화의 세계를 심사숙고해 지켜보며 어떤 대상의 움직임에서 두 변수 사이에 일정한 관계가 있다는 사실을 알게 된 것입니다. 이를 수학 형식을 빌려 관찰해보면,

어떤 대상의 변화를 볼 수 있고
어떤 대상의 변화의 변화를 볼 수 있고
어떤 대상의 변화의 변화의 변화를 볼 수 있고
...

　마치 나뭇잎이 변하고 또 변하여 그 색을 달리하듯이 그 변화 속에서 변화를 관찰할 수 있듯이 자연은 새로운 관찰의 대상이 되어 버린 것입니다. 즉, 세상은 이제 상상 이상의 즐거움을 주는 관찰의 대상인 것이지요.

　과연 이런 변화의 관찰은 어떤 수학적 약속을 기반으로 할까요? 이 책은 이런 부분에 관심을 가지고 변화의 논리를 학습하는 과정에서 간과할 수 있는 부분을 철저히 분석해 조금 더 쉽게 설명하려 노력했습니다.

　작가는 미분에 대한 관심보다 비율에 대해 관심을 기울여 전체를 보려했고 복잡한 공식보다는 공식이 만들어진 수학적인 기반을 먼저 보려했습니다. 잠시 여유를 가지고 수학과 함께하는 여행을 떠나보지 않겠어요. 자, 함께 이 수학여행을 떠나봅시다.

전국수학교사모임 전 회장

이동흔

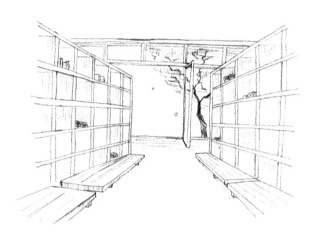

이 책에서는 유리, 테트라, 미르카, 그리고 '나'의 수학 토크가 펼쳐진다.

무슨 이야기인지 잘 모르겠더라도, 수식의 의미를 잘 모르겠더라도

중단하지 말고 계속 읽어주길 바란다.

그리고 그들이 하는 말을 귀 기울여 들어주길 바란다.

그래야만 여러분도 수학 토크에 함께 참여하는 것이 되니까.

등장인물 소개

나 고등학교 2학년. 수학 토크를 이끌어간다. 수학, 특히 수식을 좋아한다.

유리 중학교 2학년. '나'의 사촌 여동생. 밤색의 말총머리가 특징. 논리적 사고를 좋아한다.

테트라 고등학교 1학년. 항상 기운이 넘치는 '에너지 걸'. 단발머리에 큰 눈이 매력 포인트.

미르카 고등학교 2학년. 수학에 자신이 있는 '수다쟁이 재원'. 검고 긴 머리와 금속테 안경이 특징.

어머니 '나'의 어머니.

미즈타니 선생님 내가 다니는 고등학교에 근무하고 계신 사서 선생님.

차례

감수의 글 ·· 05

독자에게 ·· 09

등장인물 소개 ·· 10

프롤로그 ·· 15

제1장 위치의 변화

1-1 여행의 시작 ··· 20

1-2 위치 ·· 22

1-3 시각 ·· 27

1-4 변화 ·· 28

1-5 속도 ·· 32

1-6 속도의 예 1 ·· 33

1-7 속도의 예 2 ·· 35

1-8 위치 그래프 ·· 39

1-9 속도 그래프 ·· 44

1-10 미분 ··· 47

●●● **제1장의 문제** ··· 53

제2장 속도의 변화

2-1 국어와 수학 · 58

2-2 속도가 변하는 운동 · 60

2-3 시각의 변화가 0.1인 경우 · · · · · · · · · · · · · · · 67

2-4 시각의 변화가 0.01인 경우 · · · · · · · · · · · · · · 69

2-5 유리의 예상 · 71

2-6 시각의 변화가 0.001인 경우 · · · · · · · · · · · · · 72

2-7 시각의 변화가 h인 경우 · · · · · · · · · · · · · · · · · · 74

2-8 또 다른 문자를 도입 · 78

2-9 h를 0에 가깝게 한다 · 82

2-10 순간의 속도 · 85

●●● **제2장의 문제** · 88

제3장 파스칼의 삼각형

3-1 도서실 · 92

3-2 재미있는 성질 · 102

3-3 조합의 수 · 108

3-4 구부러진 부분을 가르킨다 · · · · · · · · · · · · · · · 110

3-5 이항정리 · 117

3-6 미분 · 120

3-7 속도와 미분 · 124

●●● **제3장의 문제** · 133

제4장 위치와 속도와 가속도

4-1 나의 방 · 136

4-2 가속도 · 139

4-3 느끼는 것은 가속도 · 140

4-4 다항식의 미분 · 141

4-5 점점 평평해진다? · 148

4-6 라디안 · 155

4-7 사인의 미분 · 158

4-8 단진동 · 172

• • • **제4장의 문제** · 178

제5장 나눗셈과 곱셈의 대결

5-1 도서실 · 182

5-2 식의 변형 · 185

5-3 복리계산 · 188

5-4 수렴과 발산 · 199

5-5 실험 · 202

5-6 극한의 문제 · 218

5-7 ① 수열 $\langle e_n \rangle$은 단조증가한다 · · · · · · · · · · · · · 219

5-8 ② 수열 $\langle e_n \rangle$은 상한을 갖는다 · · · · · · · · · · · · · · · 225

5-9 지수함수 e^x · 234

• • • **제5장의 문제** · 237

에필로그 ···································· 238

해답 ······································ 245

좀 더 생각해 보길 원하는 당신을 위해 ·················· 272

맺음말 ···································· 279

프롤로그

변하지 않는 것은 무엇일까?

영원한 과거에서부터 영원한 미래까지,

변하지 않는 것은 무엇일까?

변하지 않는다. 변한다. 변한다?

변하는 것은 무엇일까?

영원한 과거에서부터 영원한 미래까지,

계속 변하는 것은 무엇일까?

변한다, 변할 때, 변한다면, 변해라!

변하지 않든지, 계속 변하든지 간에
어떻게 그것이 영원하다고 말할 수 있을까?

머나먼 과거에서부터 살아온 것도 아니고
영원한 미래까지 살 것도 아닌데.

변화를 발견하자.

변하지 않는 것이 변화한다.
변하는 것이 변화를 멈춘다.

그 순간을 놓치지 말고,

변화를 파악하자.
변화의 변화를 파악하자.
변화의 변화의 변화를 파악하자.

변하지 않는다. 변할까? 변해라. 변했다.

자전거, 자동차, 스프링, 진자.

위치도, 속도도, 가속도도.

자, 변화를 파악하자.

미분을 사용해서, 파악하자!

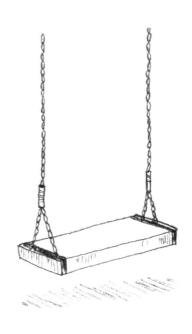

제1장

위치의 변화

"위치를 볼 수 있을까?"

유리 오빠야, 미분이 뭐야?

나 응?

사촌동생인 유리는 중학생. 쉬는 날에는 내 방에 딱 달라붙어 있다. 어린 시절부터 가깝게 지내 와서, 유리는 나를 '오빠야'라고 부른다. 오늘도 유리는 갑자기 질문부터 하기 시작한다.

유리 그러니까, 미분이 뭐냐고?

나 미분이 어쨌는데?

유리 됐으니까, 미분이나 제대로 알려줘!

나 음…. 근데, 중학생한테는 미분 숙제 같은 거 내주지 않
  잖아?

유리 숙제랑은 상관 없다냐용.

나 음, 알겠어. 또 친구랑 내기하고 있구나.

유리에게는 수학을 좋아하는 남자친구가 있기 때문에 서로 문제를 내는 모양이다. 가끔 어려운 수학 이야기도 하는 듯하다.

유리 세세한 설명은 필요 없으니까 한마디로 설명해봐. 미분
  이 뭐야?

나 미분을 한마디로 설명하는 건 어려워, 유리야.

유리 아니야! 오빠라면 할 수 있어. 오빠는 아직 자신의 능력
  을 알아채지 못했을 뿐이야!

나 경험 많은 선생님 같은 그 말투는 뭐지?

유리 그냥 빨리 미분에 대해서 알려주면 된다니까!

나 굳이 한마디로 설명하면, 미분은 '순간의 변화율'을 구하
  는 거야.

유리 순간의 변화율…. 오빠야, 고마워, 역시 설명 잘하네.

나 잠, 잠깐. 기다려!

나는 일부러 돌아가려는 척하는 유리를 잡았다.

유리 '순간의 변화율'이 무슨 말인지 잘 모르겠어.

나 유리야, 있잖아, 네가 모르는 이유는 정확하게 알려고 하지
  않고 대충 넘어가려고 했기 때문이야.

유리 응?

나 미분은 고등학교 수학에서 배우는 내용인데, 꼭 어려운 것
  만은 아니야. 단지, 아무것도 모르기 때문에 한 번 듣고 딱

알아챌 수는 없는 이야기지. 차근차근 설명을 들으면 유리
도 당연히 알 수 있을 거야. 설명해줄까?

유리 고등학교 수학에서 배우는 이야기인데 어렵지 않아? 정
말로?

나 정말이지. 미분이 대강 어떤 건지는 유리도 잘 알고 있어.
오빠야의 설명을 들으면 '음~ 뭐야. 겨우 그런 이야기였
어?'라고 할 걸?

유리 유리가 그런 건방진 말투를 쓸 리가 없잖아? 그럼 일단
설명해줘 봐!

나 ….

이렇게 '미분을 배우는 여행'이 시작되었다.

1-2 위치

나 자 그럼, 미분에 대한 설명을 시작할게.

유리 응!

나 아까 말한 대로 미분은 '순간의 변화율'을 구하는 거야. 그

러니까, '변화하는 것'을 예로 들어 설명해볼게.

유리 변화하는 것?

나 예를 들어 직선 위에서 하나의 점이 움직인다고 해보자.

직선 위에서 하나의 점이 움직인다.

유리 점?

나 그래, 움직이는 것을 자동차라고 생각해도 좋고, 걷고 있
   는 사람이라고 생각해도 좋아. 그렇지만 이야기를 단순하
   게 만들고 싶으니까 점으로 생각해보자.

유리 응응.

나 그 점에 P라는 이름을 붙여보자.

점 P

유리 왜?

나 이름이 없으면 설명하기 불편하니까. 점을 영어로 포인트(point)라고 하니까 앞 문자를 따서 점 P라고 이름을 붙인 거야.

유리 알았어! 그 다음은?

나 점 P는 직선 위에서 움직이고 있지만 직선 위에 어떠한 표시도 없으니까 점이 어디 있는지 알 수가 없어. 그래서 숫자로 눈금을 표시해 두는 거야. 점 P의 위치를 나타내는 숫자가 표시된 직선이지.

점 P의 위치를 나타내는 숫자가 표시된 직선

유리 아아, 알겠다냐옹!

나 이걸로 점 P의 위치를 나타낼 수 있어. 지금 점 P의 위치는 1이네.

유리 아아, 그러네.

나 점 P의 위치에 x라는 이름을 붙여보자.

유리 오빠야는 이름 붙이는 걸 좋아하는구나.

나 이렇게 하면 점 P의 위치를 x = 1로 나타낼 수 있으니까 편해.

유리 알겠습니당, 선생님!

나 여기서 유리에게 퀴즈를 내볼게.

유리 퀴즈?

나 이 점 P가 움직이면, 점 P의 무엇이 변할 거라 생각해?

●●● **퀴즈**

점 P가 움직이면, 점 P의 무엇이 변화하는가?

유리 음…. 무슨 말이야?

나 모르겠어?

유리 무엇이 변하는지를 말하는 거야? 무엇을 묻는 건지 모르겠어.

나 그래? 점 P가 움직이는 모습은 상상할 수 있지?

유리 할 수 있지, 물론!

나 점 P가 움직이면 변화하는 것이 있어. 그게 뭘까?

유리 변화하는 것이라…. 점 P가 있는 장소 아닐까?

나 유리야, 변화하는 것은 점 P의 '장소'가 아니고 '위치'야.

유리 무슨 말을 하는 거야? 장소나 위치나 그게 그거잖아?!

나 이 퀴즈는 내 설명을 주의해서 들었는지 확인하기 위한
거야.

유리 무슨 말이야?

나 평상시의 생활에서 단어를 사용할 때, 장소든지 위치든지
의미는 크게 변하지 않아. 유리가 말한 대로 장소나 위치나
똑같아. 하지만 수학에서는 단어 하나하나를 주의해서 쓰
는 습관을 기르는 것이 중요해.

유리 음, 어느 쪽이든 상관없자냐옹!

나 어느 쪽이든 상관없다고 생각할지 몰라도 중요한 거야. 단
어를 애매하게 사용하면 이해하기 어려워지니까.

유리 …네네.

나 물론 설명하고 있는 사람이 '장소와 위치를 똑같은 것으
로 간주한다.'고 한다면 그렇게 생각해도 좋아. 지금 오빠
야가 말하고 싶은 것은 '단어 하나하나에 주의해야 한다'
는 거야.

유리 알겠다니까.

나 이걸로 점 P와 그 위치의 이야기는 끝이야. 다음은 시각
이다.

1-3 시각

나 위치를 나타내기 위해 숫자가 표시된 직선을 사용했듯이
시각도 숫자가 표시된 직선으로 나타낼 수 있어. 즉, 어떤
특정의 시각을 0이라고 하면 과거를 마이너스, 미래를 플
러스로 생각하는 거야. 시각은 타임(time)의 앞 글자를 사용
해서 t라고 이름을 붙이자.

시각 t를 나타내는 숫자가 표시된 직선

유리 왜 미래가 플러스야?

나 과거와 미래 중 아무거나 플러스로 해도 좋지만 뭐, 대개 미래를 플러스로 나타내지.

유리 그니까 왜?

나 왜냐하면 시각이 흐르는 모습을 상상했을 때 미래로 갈수록 늘어나는 것 같은 기분이 들기 때문이야.

유리 으음.

나 과거와 미래, 어느 쪽을 플러스로 하더라도 수학에서는 어렵지 않아. 그렇지만 정해놓지 않으면 혼란이 생기니까 플러스 방향은 이쪽! 이라고 확실하게 표시해 두는 것이 중요하지.

유리 알겠다냐옹.

나 이걸로 위치와 시각의 이야기는 끝! 간단하지?

유리 간단해, 간단해.

1-4 변화

나 그럼, 점 P가 움직이면 점 P의 장소는 변화하지?

유리 아니.

나 왜?

유리 변화하는 것은 점 P의 장소가 아니고 위치잖아!

나 아 그렇지. 미안, 미안.

유리 지금, 나 시험한 거지?

나 아니야, 잘못 말한 것뿐이야.

유리 진짜로? 일부러 그런 거 아니야?

나 진짜, 진짜로. 다시 점 P가 움직이면 점 P의 위치가 변화
   하지?

유리 응.

나 예를 들면 '1의 위치'에 있던 점 P가 조금 앞인 '4의 위치'
   에 있다고 하자. 즉, 점 P의 위치 x가 1에서 4로 변했다고
   하자.

유리 오른쪽으로 3개 움직였네.

나 그렇지. 그게 위치의 변화야. 위치가 1에서 4로 변했으니
   까 '위치의 변화'는 3이야. 지금 유리는 '위치의 변화'를 어
   떻게 계산했어?

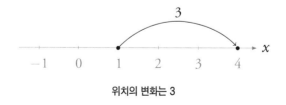

위치의 변화는 3

유리 뺄셈이지.

나 그렇지. '변화 후의 위치'에서 '변화 전의 위치'를 빼서 구
했어. 4에서 1을 뺀 3을 얻었어. 이것이 '위치의 변화'야.

$$《위치의 변화》 = 《변화 후의 위치》 - 《변화 전의 위치》$$
$$= 4 - 1$$
$$= 3$$

위치의 변화

$$《위치의 변화》 = 《변화 후의 위치》 - 《변화 전의 위치》$$

유리 변화 후에서 변화 전을 빼는 거지?

나 그렇지, 그게 정말 중요해.

유리 있잖아, 오빠야. 전혀 어렵지 않은데?

나 잘됐네! 그럼 이번엔 점 P의 위치가 4에서 1로 변했다고
해보자.

유리 왼쪽으로 3만큼 간 거지?

나 그렇지. 그때 '위치의 변화'는?

유리 음…. 마이너스 3이 아니냐옹?

나 응 맞았어. −3이 '위치의 변화'가 돼.

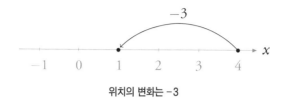

위치의 변화는 −3

$$《위치의 변화》=《변화 후의 위치》−《변화 전의 위치》$$
$$= 1 − 4$$
$$= −3$$

유리 간단! 간단!

나 '위치의 변화'는 언제든지 '변화 후의 위치'에서 '변화 전의
위치'를 빼서 구하는 거야. 점 P가 오른쪽으로 움직이든, 왼
쪽으로 움직이든 상관없어. 그게 중요한 부분이야.

유리 응응!

나 점 P가 오른쪽으로 움직이면 '위치의 변화'는 플러스가 되
고 왼쪽으로 움직이면 마이너스가 되지? '위치의 변화'의
부호를 보면 점 P가 움직인 방향을 알 수 있어.

유리 응, 그러네!

나 이제 위치, 시각, 위치의 변화에 대해서 알았지? 다음은 드디어 속도의 이야기야.

1-5 속도

유리 속도?

나 그래. 점 P의 속도를 생각하는 거야. 즉, 움직임이 빠른지 느린지를 생각하는 거지. 근데 방향도 생각해야 해. 조금 전에는 점 P의 위치가 변화하는 데 얼마만큼의 시간이 걸리는지는 생각하지 않았지? 이번에는 '걸린 시간'을 생각하는 거야.

유리 오!

나 유리는 속도에 대해서 알고 있어?

유리 물론 알고 있지냐옹!

나 그럼, 속도의 정의(定義)는 뭘까?

유리 정의의 뜻이 뭐야?

나 정의의 뜻은 단어의 엄밀한 의미! 유리야 알고 있으면서 헷갈리는 것처럼 하지 마. 속도의 정의는 뭘까?

유리 쳇…. 음…. 있잖아, 속도의 정의는 빠른지 느린지? 이건
아니겠지냐옹…. 음, 정확하게 알지는 못해….

나 이게 '속도'의 정의야.

속도의 정의

$$《속도》 = \frac{《변화\ 후의\ 위치》 - 《변화\ 전의\ 위치》}{《변화\ 후의\ 시각》 - 《변화\ 전의\ 시각》}$$

유리 갑자기 복잡해졌는데.

나 복잡하다고 느끼는 이유는 식을 보고 빨리 이해하려고 하
기 때문이야. '예시는 이해의 시작'이란 말이 있듯이 구체
적인 예를 들어서 생각해보자.

유리 예시?

1-6 속도의 예 1

나 예를 들어 점 P가 시각 t = 0일 때의 위치가 $x = 1$이라고

하자. 거기서 조금 지난 시각 t = 1일 때 위치 x = 2에 있다고 해보자. 시각도 위치도 변했어.

(그림) 예1

변화 전: 점 P는 시각 t = 0일 때, 위치 x = 1이다.

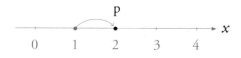

변화 후: 점 P는 시각 t = 1일 때, 위치 x = 2이다.

유리 이게…. 예라는 거지?

나 그렇지, 예시. 이때 정의에서 '속도'를 구할 수 있어.

(그림) 예1의《속도》 $= \dfrac{\langle\!\langle\text{변화 후의 위치}\rangle\!\rangle - \langle\!\langle\text{변화 전의 위치}\rangle\!\rangle}{\langle\!\langle\text{변화 후의 시각}\rangle\!\rangle - \langle\!\langle\text{변화 전의 시각}\rangle\!\rangle}$

$= \dfrac{2-1}{1-0}$

$= 1$

유리 '속도'는 1이 되었네!

나 그렇지.

1-7 속도의 예 2

나 자 그럼, 시각 t = 0일 때 아까와 같은 위치 $x = 1$에 있다고
하면, 만약 시각 t = 1일 때 점 P가 위치 $x = 2$가 아닌 $x = 4$
에 있다고 한다면 '속도'는 어떻게 될까?

(그림) 예2

변화 전: 점 P는 시각 t = 0일 때, 위치 $x = 1$이다.

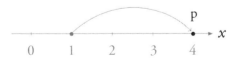

변화 후: 점 P는 시각 t = 1일 때, 위치 $x = 4$이다.

유리 '변화 후의 위치'가 4가 되었다는 거야?

나 그렇지, 그렇지.

(그림) 예2의 《속도》 $= \dfrac{《변화\ 후의\ 위치》 - 《변화\ 전의\ 위치》}{《변화\ 후의\ 시각》 - 《변화\ 전의\ 시각》}$

$= \dfrac{4-1}{1-0}$

$= 3$

유리 이번에는 속도가 3이 되었어.

나 좋아. 어때? 속도의 정의가 무엇을 말하고 있는지 알겠어?

유리 '변화 후의 위치 − 변화 전의 위치'가 크면 '속도'도 커진다.

나 그렇지. 어느 일정한 시각을 생각할 때 점 P의 위치 변화가 엄청 컸다면 속도는 매우 크다는 거야. 속도란 그런 거야.

유리 그렇지! 위치가 크게 변하면 속도는 크다.

나 속도의 정의를 잘 보면 분자에 쓰여 있는 '변화 후의 위치 − 변화 전의 위치'라는 것은 '위치의 변화'잖아?

유리 응.

나 속도의 정의에서 분모에 쓰여 있는 '변화 후의 시각 − 변화 전의 시각'이라는 건 '시각의 변화'라고 말할 수 있어. '시각의 변화'라는 건 말하자면 '걸린 시간'이지만.

유리 그게 어쨌다고?

나 그러니까, 속도의 정의는 이렇게 쓸 수 있어.

속도의 정의(다른 표현 방법)

$$《속도》 = \frac{《변화\ 후의\ 위치》 - 《변화\ 전의\ 위치》}{《변화\ 후의\ 시각》 - 《변화\ 전의\ 시각》}$$

$$= \frac{《위치의\ 변화》}{《시각의\ 변화》}$$

$$= \frac{《위치의\ 변화》}{《걸린\ 시간》}$$

유리 그렇구냐웅.

나 속도는 위치의 변화만으로 정해지는 것이 아니야. 위치가 엄청나게 크게 변화했다 하더라도 그 변화에 긴 시간이 걸리면 조금도 빠르지 않아.

유리 멀리까지 가는 거북이처럼?

나 그렇지, 그렇지. 반대로 위치가 크게 변화하지 않더라도 걸린 시각이 엄청 짧다면 점 P가 굉장히 빨리 움직였다는 것일지도 몰라.

유리 빠르게 움직이는 벌처럼.

나 응, 그렇지. 속도를 정의한 식을 보면 지금 말한 것들을 제대로 표현하고 있다는 것을 알 수 있어.

$$《속도》 = \frac{《위치의\ 변화》}{《시각의\ 변화》}$$

유리 그렇구냐옹. 위치의 변화가 분자고, 시각의 변화가 분모에 있으니까….

나 점 P가 움직이는 속도를 구하려할 때는 시각 t와 위치 x를 모두 생각해야 해.

유리 응, 응!

나 시각 t와 위치 x를 모두 생각하기 위해 그래프를 그려볼까?

유리 응!

나 예를 들면 이런 '위치 그래프'가 있다고 하자. 점 P는 어떤
움직임을 하고 있지?

●●● 퀴즈

점 P의 움직임을 다음과 같이 '위치 그래프'로 나타낼 수
있을 때 점 P는 어떠한 움직임을 하고 있나?

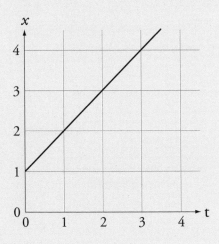

유리 간단하네. 계속 움직이고 있다냐옹!

나 그렇지, 정말 점 P는 계속 움직이고 있어.

유리 웅! 다음 문제는?

나 잠깐만! 유리야. 또 알 수 있는 건 없어?

유리 알 수 있는 거…. 시각 0일 때 위치 1에 있다…, 이런 거?

나 정확해. 시각 t = 0일 때 위치 x = 1이다.

유리 t = 1일 때 x = 2이고, t = 2일 때 x = 3이고….

나 점 P의 속도는 언제나 1이라는 것을 알 수 있어.

유리 속도?

나 '속도'는 '위치의 변화'를 '시각의 변화'로 나눈 거잖아. 이
그래프를 천천히 보면 시각 t가 1에서 3으로 변화할 때, 위
치 x는 2에서 4로 변화하는 것을 알 수 있어.

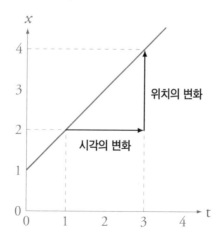

유리 …에엥?

나 즉, 이 '위치 그래프'에서 '시각의 변화'는 가로 방향의 변화이고, '위치의 변화'는 세로 방향의 변화라는 거야.

유리 ….

나 이 '위치 그래프'에서 표시되어 있는 점 P의 '속도'를 생각해보면 '위치의 변화'를 '시각의 변화'로 나누었으니까…. 언제든지 '속도'는 1이라고 할 수 있지.

유리 그래프가 오른쪽으로 움직인 만큼 위로도 움직이기 때문이지?

나 그렇지, 말 그대로야!

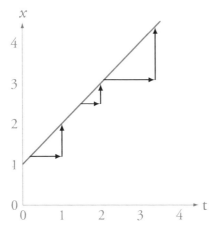

속도는 언제나 1이다.

유리 언제나 같은 속도네.

나 이런 점의 움직임을 등속도 운동이라고 해. 같은 속도로
　운동하고 있으니까.

유리 등속도…운동.

퀴즈의 정답

점 P가 움직이는 모습이 아래와 같을 때 '위치 그래프'로
나타내면 점 P는 등속도 운동을 하고 있다. 속도는 1이다.

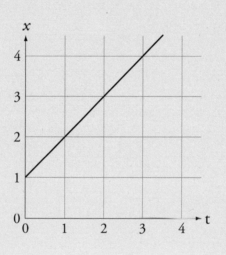

유리 오빠야, 이런 비슷한 거 예전에 했었잖아. 그 비례의 이

야기!(《수학 소녀의 비밀노트 – 잡아라 식과 그래프》제4장 참조)

나 아아, 그러네!

유리 그때 그래프의 기울기를 이야기했었지. 오른쪽으로 1 움
직일 때 위로 얼마만큼 움직이는지에 대한 기울기.

나 그거야! 그래프의 기울기가 이 점 P의 속도야!

유리 아….

나 '위치 그래프'의 기울기를 바꿔서 생각해보면 금방 알 수
있어. 기울기가 크다는 것은 같은 시간 동안의 위치의 변화
가 커. 즉, 속도가 빠르기 때문이지. 속도가 느린 경우, 속도
가 중간인 경우, 속도가 빠른 경우로 나눠서 세 종류의 '위
치 그래프'를 배열해보자.

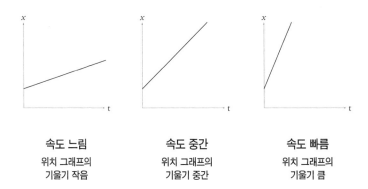

속도 느림
위치 그래프의
기울기 작음

속도 중간
위치 그래프의
기울기 중간

속도 빠름
위치 그래프의
기울기 큼

유리 응응.

나 다시 한 번 속도가 1인 등속도 운동을 하고 있는 점 P를 생각해보자. 이게 '위치 그래프'지?

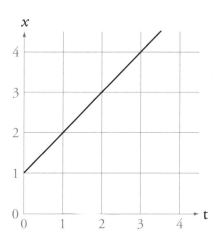

등속도 운동을 하고 있는 점 P의 위치 그래프
(속도는 항상 1)

유리 응. 속도는 언제나 1.

나 속도가 언제나 1이라는 것은 이 점 P의 '속도 그래프'가 이렇게 된다는 거지. $v = 1$의 수평선.

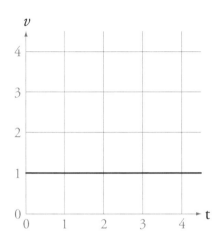

등속도 운동을 하고 있는 점 P의 속도 그래프
(속도는 언제나 1)

유리 그건 그렇지. 어느 시각에서도 속도는 1이니까.

나 같은 점의 같은 움직임을 나타내고 있지만 '위치 그래프'와 '속도 그래프'의 형태는 달라.

유리 응응.

나 '속도 그래프'의 세로축은 v로 했어.

유리 알고 있었는데….

나 속도는 영어로 벨로시티(velocity)니까 앞 문자를 사용해서
v로 표시했어.

유리 어? 스피드(speed) 아니야?

나 '속도'는 벨로시티(velocity)고, '속도의 크기'가 스피드
(speed)야. 속도에는 방향이 있지만 속도의 크기에는 방향
이 없어. 직선 위를 움직이는 점의 경우 '속도'는 플러스인
경우도 있고, 마이너스인 경우도 있어. 그렇지만 '속도의
크기'가 마이너스가 되는 경우는 없어.

유리 음…. 그렇다면 '속도'가 3 또는 −3이라도 '속도의 크기'
는 3이라는 거야?

나 그렇지. 자동차의 속도계를 생각하면 좋아. 속도계는 '속
도'가 아니고 '속도의 크기'를 재는 거잖아. 자동차가 어느
방향으로 달릴지는 관계가 없어.

유리 그렇구냐용.

나 '속도의 크기'를 물리학적으로는 '속력'이라고 불러. 조금
이해하기 어렵시만 알겠지?

유리 음, 대강은.

속도	위치의 변화를 시각의 변화로 나눈 것. 속도에는 방향이 있다. 마이너스가 되는 경우도 있다. 영어로는 벨로시티(velocity)라고 한다.
속력	속도의 크기를 나타내는 것. 속력에는 방향이 없다. 마이너스가 되는 경우도 없다. 영어로는 스피드(speed)라고 한다.

1-10 미분

나 그리고, 이야기가 갑자기 '미분'으로 바뀌어.

유리 엥?

나 '위치 그래프'에서 '속도 그래프'를 구할 수 있는 것. 그게
　　미분이라는 거야.

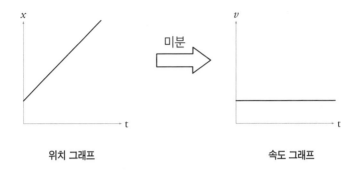

위치 그래프   속도 그래프

유리 엥? 뭐야 그게. 갑자기!

나 놀랐지?

유리 응. 깜짝 놀랐어!

나 '속도'는 '위치의 변화'를 '시각의 변화'로 나눈 거잖아. 바꿔 말하면 '시각의 변화'에 대해 얼마만큼의 비율로 위치의 변화가 일어나는지를 나타낸 것이 '속도'라는 거지.

$$《속도》 = \frac{《위치의\ 변화》}{《시각의\ 변화》}$$

유리 으응?

나 이렇게 '얼마만큼의 비율로 변화했는가'에 대한 것을 일반적으로 '변화율'이라고 해. 율은 비율을 의미하고.

유리 아, '순간의 변화율.'

나 그렇지. 미분을 한마디로 정리해서 설명하면 '순간의 변화율'을 구하는 것이라고 말할 수 있어. '위치 그래프'를 미분하면 '속도 그래프'를 얻을 수 있는 거지. 엄밀하게 말하면 시각 t로 미분하면 되는 거야.

유리 시각 t로 미분….

나 아까 보았던 속도가 다른 세 종류의 움직임을 비교해볼까? '위치 그래프'에서 기울기가 커질수록 '속도 그래프'에서는 x축에 대한 수평선이 위로 올라가.

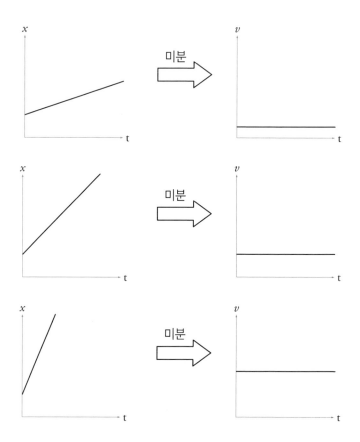

유리 ….

나 처음에는 어렵게 느껴질지도 모르지만.

유리 어렵지 않아.

나 엥?

유리 왜냐하면 '위치 그래프'는 위치를 나타내는 거잖아? '속도 그래프'도 금방 알겠고. 있잖아 오빠야, 미분이란 건 이게 끝이야? 이런 비스듬한 선에서 평평한 선을 구한다는 거 전혀 어렵지 않은데. 기울기가 클수록 속도도 커진다는 거잖아.

나 등속도 운동은 단순하니까 어렵지 않은 거야.

유리 단순?

나 등속도 운동은 속도가 언제나 일정. 어느 시각에서도 속도가 똑같은 거지?

유리 왜냐면 등속도 운동이기 때문이자냐옹?

나 등속도 운동의 '위치 그래프'는 기울기가 일정… 즉 직선이야. 그때 '속도 그래프'는 x축에 대해 수평선이 돼. 속도가 일정하기 때문이지. 단순한 운동이니까 그래프도 단순. 그렇지만 만약 '속도'가 일정하지 않다면 어떨까?

유리 그건, 빨라지기도 하고 느려지기도 한다는 거야?

나 그래, 그래. 멈추기도 하고 반대방향으로 움직이기도 하고.

유리 으…응.

나 그런 복잡한 움직임을 보일 때 '위치 그래프'는 직선이 되지 않아. 그때 '속도 그래프'는 어떤 형태를 하고 있을까? '위치 그래프'를 시각으로 미분하면 '속도 그래프'를 얻을

수 있지만 속도가 일정하지 않을 때, 즉, 속도가 변화할 때
는 단순한 이야기가 아니지.

유리 그렇구나. 속도가 변화할 때….

나 그리고, 미분의 재미는 이제부터 시작이야!

유리 으응?

나 속도를 바꾸면서 점이 움직일 때의 모습을 '위치 그래프'
를 통해서 생각해보자.

유리 응!

엄마 얘들아, 간식 먹어라!

유리 오빠야, 간식 먹고 하자!

"시각을 볼 수 있을까?"

제1장의 문제

그 문제를 바꿔 말할 수 있을까?

다른 표현으로 말할 수 있을까?

정의로 돌아가라.

— 조지 폴리아(George Polya)

●●● 문제 1-1 (위치 그래프)

직선상의 점 P에 대해서 시각 t에서의 위치 x의 그래프를 그렸다.

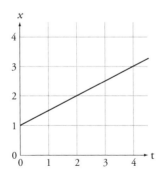

① 시각 t = 1에서의 위치 x를 구하시오.

② 위치 x = 3에 도달한 시각 t를 구하시오.

③ 이 점 P의 운동이 똑같이 지속된다면 위치 x = 100에 도달한 시각 t를 구하시오.

④ 이 점 P에 대해서 속도 v의 그래프를 그리시오.

(해답은 247쪽에)

●●● **문제1-2 (위치 그래프)**

직선상의 점 P에 대해서 시각 t에서의 위치 x의 그래프를 그렸다.

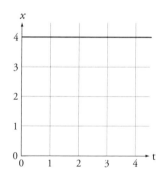

이 점 P에 대해서 속도 v의 그래프를 그리시오.

(해답은 250쪽에)

직선상의 점 P에 대해서 시각 t에서의 위치 x의 그래프
를 그렸다.

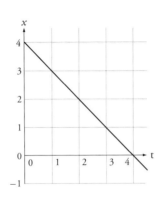

이 점 P에 대해서 속도 v의 그래프를 그리시오.

(해답은 252쪽에)

제2장

속도의 변화

"수식과 그래프를 명확하게
해주는 것은 무엇인가?"

나와 사촌 여동생 유리는 거실에서 간식을 먹고 있다. 먹고 있는 것은 사과, 오렌지, 양파 등을 얇게 썰어 말린 간식이다.

유리 이거 맛있당(바삭바삭)! 사과 감자칩 같은 느낌이야.

나 아니, 사과칩이지 감자칩은 아니야(바삭바삭). 그리고 기름 으로 튀긴 것도 아니고. 이건 말려서 만든 거 아닌가?

유리 오빠야랑 대화하고 있으면 국어 공부를 하고 있는 기분 이 들어.

나 엥? 왜?

유리 왜냐하면 단어 사용에 대해서 잔소리가 많아. 감자칩 같 다고 말했으니까 괜찮다냐옹! 그리고 감자칩도 튀긴 것만 있는 것도 아니고.

나 음, 뭐 그렇긴 하네.

유리 아까 전에도 마찬가지야. '위치'에 '시각'에 '속도'에⋯.

나 단어를 제대로 사용하는 건 중요해. 왜냐하면⋯.

유리 어! 오빠야, 이상한데!

나 ⋯뭐가?

유리 있잖아. '속도'란 이과에서 배우잖아. 근데 미분은 수학
    이지. 미분은 이과 내용 같기도 하고 수학인 것 같기도 한
    데?

나 유리가 대단한 걸 눈치 챘는데? '속도'가 나오는 건 이과
    지? 이과에서도 특히 물리학 같은 분야에 해당하지.

유리 물리학.

나 물리학에서 연구하는 다양한 현상을 제대로 표현하는 단
    어로서 수학은 아주 중요해. 미분도 그중 하나고.

유리 왜?

나 미분은 변화를 알아볼 때 편리하기 때문이야. 움직이는 물
    체의 '위치의 변화'를 연구할 때도 미분을 사용해. 그래서
    유리가 지금 말한 '이과 같으면서 수학 같은 국어'라는 느
    낌이 맞는 거지. 원래 학교에서 배우는 과목은 편리하게 나
    누었을 뿐이니까.

유리 편리하게?

나 과목을 나누어서 공부하는 편이 가르치기도 쉽고 배우기
    도 쉽잖아. 그렇기 때문에 편리하게 그렇게 하는 거지.

유리 아하.

나 '시각'과 '위치'와 같은 두 개의 양의 관계를 수식으로 나
    타내면 그 변화를 자세하게 알아볼 수 있어. 그리고 변화

하는 두 개의 양의 관계를 그래프로 나타내면 눈으로도 확인하기 쉽지. 물리학을 연구할 때 수식이나 그래프와 같이 수학에서 자주 이용하는 도구를 사용하는 건 자연스러운 일이지.

유리 그렇구나. 알겠어.

나 오빠야는 그 반대지만.

유리 반대?

나 속도를 연구하기 위해 미분을 사용하는 것이 아니라 반대로, 미분을 유리에게 설명하기 위해 속도 이야기를 하고 있는 거야.

유리 속도 이야기도 전혀 어렵지 않았는데.

나 그거 잘됐다.

유리 그렇지만 뭔가 너무 간단해서 재미없었어.

나 속도가 일정한 '등속도 운동'만 생각했기 때문이야.

2-2 속도가 변하는 운동

유리 등속도 운동이 아닌 운동이란 건 속도가 변하는 거야?

나 그렇지. 간단한 예를 들어 얘기해볼게. 직선 위를 움직이는 점 P의 '위치 그래프'를 생각해보자. 이렇게.

지금부터 생각해볼 '위치 그래프'

직선 위를 움직이는 점 P가 시각 t일 때에 위치 x에 있다고 한다. 그리고 x는 t를 사용해서 다음의 식으로 표현할 수 있다고 한다.

$$x = t^2$$

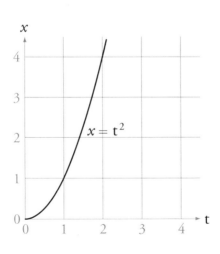

나 시각은 t이고 점은 x의 위치에 있어. 그리고 그 위치 x는 시각 t를 사용해서 $x = t^2$이라는 식으로 나타낼 수 있다고 하자. 그런 상황을 생각해볼까?

유리 갑자기 빨라진 기분이 드는데.

나 응, 그런 느낌이 중요해. 유리가 제대로 이해했는지 확인해보기 위해 퀴즈를 낼게. 예를 들어 시각이 t = 1일 때 위치 x는?

유리 x는 1.

나 그렇지. $x = t^2$의 관계니까, t = 1이라면 $x = t^2 = 1^2 = 1$이 되니까. 그래프의 선이 $(t, x) = (1, 1)$이라는 점을 지나고 있다는 것도 확인할 수 있고.

유리 있잖아, 오빠야. 이 $x = t^2$이라는 식은 '예를 들어 이렇게 움직였다고 생각'하는 거지?

나 그렇지. 예를 들어 점 P는 시각 t일 때 언제나 $x = t^2$의 위치에 있다고 해보자. 점 P가 그렇게 움직였다고 생각하자…는 이야기야.

유리 그렇다면 시각을 제곱하면 위치는 금방 알 수 있어.

나 맞아, 맞아. 그럼 시각이 t = 2일 때 위치 x는 어떻게 될까?

유리 제곱이니까 4잖아. $x = 4$.

나 맞아 정답. t = 2일 때 $x = t^2 = 2^2 = 4$야. 그래프의 선은 정

말 점 $(t, x) = (2, 4)$를 지나고 있고.

유리 간단하네, 간단해.

나 이걸로,

- 시각 t가 1에서 2까지 변화할 때,
- 위치 x는 1에서 4까지 변화한다.

는 것을 알 수 있지? '시각의 변화'와 '위치의 변화'를 알았다면 '속도'를 계산할 수 있어. 속도의 정의에서….

유리 속도의 정의에 맞춰보는 거지? 유리가 할게!

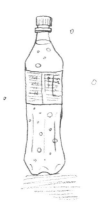

시각이 1에서 2까지 변화할 때의 속도를 구한다.
(시각의 변화는 1)

$$《속도》 = \frac{《위치의 변화》}{《시각의 변화》}$$

$$= \frac{《변화 후의 위치》 - 《변화 전의 위치》}{《변화 후의 시각》 - 《변화 전의 시각》}$$

$$= \frac{2^2 - 1^2}{2 - 1}$$

$$= \frac{4 - 1}{2 - 1}$$

$$= \frac{3}{1}$$

$$= 3$$

유리 그러니까, 속도는 3이잖아?

나 맞아, 맞아. 말 그대로야. 시각이 1에서 2까지 변화할 때의
속도는 3이 되는 거야.

유리 간단하네.

나 그런데, 큰 문제가 있어.

유리 큰 문제라니?

나 시각이 1일 때의 속도는 뭘까?

유리 지금 계산했다냐옹. 속도는 3이야.

나 아니, 아니, 잘 생각해봐. 지금 유리가 구한 속도는 시각이 1에서 2까지 변화할 때의 속도잖아.

유리 그런…데?

나 그렇지만 예를 들어 시각이 1에서 1.1까지 변화할 때의 속도도 3일까?

유리 ?

나 이 점 P는 꽤 멀리 있는 것 같잖아. 즉 속도는 변화하잖아. 그렇다는 것은 시각의 변화를 작게 하면 속도도 변화하는 것이 아닐까?

유리 그건 그럴지 모르지만…. 하지만, 시각의 변화와 위치의 변화를 알면 속도는 계산할 수 있지? 그때 계산하면 된다냐옹!

나 그게 큰 문제라는 거야. 우리가 시각 t에 대한 속도를 모르면 속도 그래프를 그릴 수 없어.

유리 그러니까, 속도를 계산하면….

나 근데, 시각이 1에서 2까지 변화할 때랑 1에서 1.1까지 변화할 때랑 속도가 다르다면 시각 1에 대한 속도는 어떻게 계산하면 좋을까?

유리 아! 그런 거구나…. 엥?

나 지금까지의 우리의 생각을 정리해보자.

- 시각 t에서 점 P의 위치 x는 $x = t^2$이다.
- 시각이 1에서 2까지 변화할 때 속도는 계산 가능하다.
- 시각이 1에서 1.1까지 변화할 때 속도도 계산 가능하다.
- 그렇다면 시각이 1일 때의 속도는 계산 가능한가?

유리 시각이 1일 때, 그 순간의 속도?

나 그래, 유리야. 우리는 순간의 속도를 구하고 싶은 거야. 시각이 1일 때의 순간의 속도, 시각이 2일 때 순간의 속도…. 일반적으로 시각이 t일 때 순간의 속도를 구하고 싶어. 시각이 t일 때 순간의 속도가 구해진다면 속도 그래프를 그릴 수 있으니까. 그렇지?

유리 그렇…긴 하지만….

나 그리고, 그것이 바로 미분한다는 거야. 시각이 t일 때 위치가 주어져 있어. 거기서 시각 t에서의 순간의 속도를 구하는 것, 그게 미분이야. 미분은 '순간의 변화율'을 구하는 거지.

유리 응, 뭔가 대강 알 것 같기도 하고 모를 것 같기도 하고….

나 구체적인 예를 들어서 생각해보면 확실해져. 아까 시각이 1에서 2까지 변화할 때의 속도를 계산했어. 즉, 시각의 변화가 1일 때의 속도를 계산한 거지. 순간의 속도를 구하고 싶으니까 이 시각의 변화를 점점 줄여서 0에 가깝도록 해보자.

유리 점점 줄이면 속도도 0에 가까워져서…. 그렇지?

나 과연 어떨까?

2-3 시각의 변화가 0.1인 경우

유리 그래서?

나 시각이 1에서 1.1까지 변할 때의 속도를 구해보자.

유리 이것도 속도의 정의대로 계산하면 되잖아.

나 그렇지. $x = t^2$을 사용하면 위치를 알 수 있어.

시각이 1에서 1.1까지 변화할 때의 속도를 구한다.
(시각의 변화는 0.1)

$$《속도》 = \frac{《위치의 변화》}{《시각의 변화》}$$

$$= \frac{《변화 후의 위치》-《변화 전의 위치》}{《변화 후의 시각》-《변화 전의 시각》}$$

$$= \frac{1.1^2 - 1^2}{1.1 - 1} \qquad x = t^2 \text{ 을 사용해서 변화 전후의}$$
위치를 얻었다.

$$= \frac{1.21 - 1}{1.1 - 1} \qquad 1.1^2 = 1.21 \text{ 이므로}$$

$$= \frac{0.21}{0.1}$$

$$= 2.1$$

유리 아까 3이었던 속도가 지금은 2.1이 되었어….

나 응, 시각의 변화를 작게 하니까 속도도 변한 거야. 예상했
던 그대로네.

● 시각이 1에서 2까지 변화할 때, 속도는 3이다.

(시각의 변화는 1)

- 시각이 1에서 1.1까지 변화할 때 속도는 2.1이다.

  (시각의 변화는 0.1)

유리 …역시 시각의 변화를 작게 하면 어느새 속도도 0이 되는 거 아니야?

나 그 점을 확인해보기 위해서 지금 열심히 계산하고 있는 거니까 천천히 해보자.

유리 으…. 그렇군.

2-4 시각의 변화가 0.01인 경우

나 그럼, 시각의 변화를 0.01로 해보자.

유리 시각이 1에서 1.01까지 변화할 때네!

시각이 1에서 1.01까지 변화할 때의 속도를 구한다.
(시각의 변화는 0.01)

$$《속도》 = \frac{《위치의\ 변화》}{《시각의\ 변화》}$$

$$= \frac{《변화\ 후의\ 위치》 - 《변화\ 전의\ 위치》}{《변화\ 후의\ 시각》 - 《변화\ 전의\ 시각》}$$

$$= \frac{1.01^2 - 1^2}{1.01 - 1}$$

$$= \frac{1.0201 - 1}{1.01 - 1} \qquad 1.01^2 = 1.0201\ 이므로$$

$$= \frac{0.0201}{0.01}$$

$$= 2.01$$

나 계산에 실수 없지? 자릿수에 주의해야 해.

유리 괜찮다냐옹! 속도는 2.01이야. 역시 작아졌는데!

나 정리해보자.

- 시각이 1에서 2까지 변화할 때, 속도는 3이다.

  (시각의 변화는 1)

- 시각이 1에서 1.1까지 변화할 때, 속도는 2.1이다.
  (시각의 변화는 0.1)

- 시각이 1에서 1.01까지 변화할 때, 속도는 2.01이다.
  (시각의 변화는 0.01)

2-5 유리의 예상

유리 있잖아 오빠야. 방금 떠오른 건데 시각의 변화를 0.001
  로 하면 속도는 2.001이 되는 거 아니냐옹?

나 왜 그렇게 생각했느냐옹?

유리 따라 하지 마! 있잖아, 시각의 변화를 1 → 0.1 → 0.01이
  라고 했을 때 속도는 3 → 2.1 → 2.01이 되었으니까. 규칙
  적이잖아? 특히 2.1과 2.01 말이야.

시각의 변화	1	0.1	0.01	⋯
속도	3	2.1	2.01	⋯

나 속도 부분의 수는 규칙적으로 보이지 않아?

유리 음…. 오빠야는 규칙적으로 보여?

나 보이는데. 표를 이렇게 고쳐보면 말이야.

시각의 변화	1	0.1	0.01	⋯
속도	2 + 1	2 + 0.1	2 + 0.01	⋯

유리 오! 3 = 2 + 1이구나!

2-6 시각의 변화가 0.001인 경우

나 그럼 다음으로 시각의 변화가 0.001일 때를 계산해보자.

유리 속도는 2.001이 되겠지!

시각이 1에서 1.001까지 변화할 때의 속도를 구한다.
(시각의 변화는 0.001)

$$\langle\!\langle 속도 \rangle\!\rangle = \frac{\langle\!\langle 위치의\ 변화 \rangle\!\rangle}{\langle\!\langle 시각의\ 변화 \rangle\!\rangle}$$

$$= \frac{\langle\!\langle 변화\ 후의\ 위치 \rangle\!\rangle - \langle\!\langle 변화\ 전의\ 위치 \rangle\!\rangle}{\langle\!\langle 변화\ 후의\ 시각 \rangle\!\rangle - \langle\!\langle 변화\ 전의\ 시각 \rangle\!\rangle}$$

$$= \frac{1.001^2 - 1^2}{1.001 - 1}$$

$$= \frac{1.002001 - 1}{1.001 - 1} \qquad 1.001^2 = 1.002001\ 이므로$$

$$= \frac{0.002001}{0.001}$$

$$= 2.001$$

유리 봐봐! 봐봐! 2.001이야!

나 정말이네. 유리가 말한 그대로 2.001이 되었네.

시각의 변화	1	0.1	0.01	0.001	$\cdots$
속도	3	2.1	2.01	2.001	$\cdots$

유리 예상한 그대로야! 시각의 변화를 0.0001로 하면 속도는 2.0001이 될 거야 분명히!

나 그럼, 시각의 변화를 h라고 해보자.

유리 엥?

나 유리는 구체적으로 숫자를 예상했어. 그리고 그 예상이 맞았지. 그렇지만 숫자는 무수히 많으니까 언제까지 계속 하더라도 끝이 없어. 그렇기 때문에 문자를 도입해서 일반적으로 생각하는 거지.

유리 일반적으로… 생각한다고?

2-7 시각의 변화가 h인 경우

나 시각의 변화를 h라는 문자로 나타내보자. 시각이 1부터 1 + h까지 변화할 때의 속도를 계산하는 거야. 속도의 계산은 이전과 같은 방법으로. 그렇지만 h라는 문자를 사용해서.

유리 왜 문자를 사용해?

나 문자를 사용하면 유리의 예상을 이런 식으로 쓸 수 있기 때문이야.

유리의 예상

시각의 변화를 h로 나타낸다.

시각이 1에서 1 + h까지 변화할 때

속도는 2 + h가 된다.

유리 아, 그렇구나!

나 이런 식으로 h라는 문자를 사용하면 시각의 변화가 1일

때, 0.1일 때, 0.01일 때…와 같이 하나하나 확인할 필요가

없어지지.

유리 속도의 정의로 계산하는 거지?

나 물론이지!

시각이 1에서 1+h까지 변화할 때의 속도를 구한다.
(시각의 변화는 h)

$$《속도》 = \frac{《위치의\ 변화》}{《시각의\ 변화》}$$

$$= \frac{《변화\ 후의\ 위치》-《변화\ 전의\ 위치》}{《변화\ 후의\ 시각》-《변화\ 전의\ 시각》}$$

$$= \frac{(1+h)^2 - 1^2}{(1+h) - 1}$$

$$= \frac{1^2 + 2h + h^2 - 1}{1 + h - 1} \qquad (1+h)^2 = 1^2 + 2h + h^2 \text{ 이므로}$$

$$= \frac{2h + h^2}{h} \qquad\qquad 계산했다.$$

$$= 2 + h \qquad\qquad 분자\ 2h + h^2 을\ h로\ 나누었다.$$

유리 진짜네! 속도는 2 + h라고 계산으로 알 수 있구나!

나 그러니까, 시각의 변화가 h = 0.0001이라면 속도는 2 + h
= 2.0001이라고 금방 말할 수 있어. 귀찮은 계산은 하지 않
아도 되지.

유리 그렇구나!

나 있잖아, 이런 식으로 시각의 변화를 h라는 문자로 나타내

면 일반적으로 생각할 수 있지? 이것이 '문자의 도입을 통한 일반화'의 장점이야. 한 번 문자를 사용해서 계산하면 무수한 수에 대해서 확인한 것과 마찬가지인 거지.

유리 재미있구냐옹….

지금까지 정리

- 위치 x를 $x = t^2$식으로 나타낼 수 있다.
- 시각 t가 1에서 $1 + h$까지 변화할 때 속도는 $2 + h$로 얻을 수 있다.

나 도중에 나온 $(1 + h)^2$을 잘 전개했네.

유리 왜냐하면 전개 공식 그대로니까!

나 정말 그렇긴 하지만.

전개 공식을 사용한다

$(a + b)^2 = a^2 + 2ab + b^2$ 전개 공식

$(1 + h)^2 = 1^2 + 2h + h^2$ $a = 1, b = h$를 사용했다.

유리 그런데, 유리가 전개 공식을 사용한 것은 처음이야.

나 처음이라니, 무슨 말이야?

유리 시험 때문에 사용한 게 아니고 '스스로 계산'할 때 사용한 건 처음이라는 거야.

나 그렇구나!

유리 그래서, 그래서? 다음엔 어떻게 계산해?

나 응. 또 다른 문자 하나를 도입해볼까?

유리 또 다른 하나? h 이외의?

2-8 또 다른 문자를 도입

나 아까 시각의 변화를 나타내는 문자 h를 도입해서 속도를 계산했잖아?

유리 응. 속도는 $2 + h$였지.

나 $2 + h$라는 건 시각이 1부터 $1 + h$까지 변화했을 때의 속도잖아?

유리 …응 그런데?

나 다음으로 '변화 전의 시각'을 문자 t로 일반화해보자. 즉, 시각이 t에서 t+h까지 변화했을 때의 속도를 계산하는 거야.

유리 또… 일반화! 왜?

나 변화 전의 시각이 1이든, 2든, 3이든 어떠한 때라도 속도를 계산하기 위해서야. '변화 전의 시각'은 t이고 '변화 후의 시각'은 t+h야. 속도는 계산 가능하지?

유리 가능한데, t와 h는 어떻게 해?

나 어떻게 하다니?

유리 그냥 이대로 계산하면 되는 거야?

나 응. 속도는 t와 h를 포함한 식으로 구할 수 있어.

시각이 t에서 t+h까지 변화할 때의 속도를 구한다.
(시각의 변화는 h)

$$《속도》 = \frac{《위치의 변화》}{《시각의 변화》}$$

$$= \frac{《변화 후의 위치》-《변화 전의 위치》}{《변화 후의 시각》-《변화 전의 시각》}$$

$$= \frac{(t+h)^2 - t^2}{(t+h)-t}$$

$$= \frac{(t^2 + 2th + h^2) - t^2}{t+h-t}$$

$$= \frac{t^2 + 2th + h^2 - t^2}{t + h - t}$$

$$= \frac{2th + h^2}{h}$$

$$= 2t + h$$

유리 다 됐다! 속도는 $2t + h$ 맞지?

나 그렇지! 유리, 대단해, 대단해!

유리 헤헤헤. 왜냐면 똑같은 계산인걸.

나 늘 속도의 정의로 돌아가서 생각하고 있구나.

유리 그래서, 그래서? 다음은 무엇을 일반화할 거야?

나 아니, 일단 여기서 정지. 그리고 다시 살펴보자.

유리 응? 다시 계산하는 거 아니야?

나 여기서 유리가 해온 것을 살펴보자. 살펴보는 건 아주 중요한 거야. 우리가 생각해보려 했던 것은 '시각이 t일 때 위치가 $x = t^2$이 된다'는 점 P의 움직임이었어.

유리 그랬지.

나 구체적인 계산을 많이 하면서 유리는 속도를 예상할 수 있게 되었어.

유리 그렇지. 똑같은 방법이니까.

나 그리고, 시각의 변화를 h로 나타내서 유리의 예상이 옳다
는 것을 증명했어. 이걸로 시각이 어떠한 크기로 변화해도
속도를 계산할 수 있게 되었어.

유리 응! 정말 재미있었어!

나 그리고 변화 전의 시각을 t로 나타내고 시각이 t에서 t + h
까지 변화할 때의 속도도 계산할 수 있게 되었어.

유리 속도는 $2t + h$잖아?

나 그렇지.

지금까지 내용을 정리

- 위치 x를 식 $x = t^2$으로 나타낼 수 있다.
- 시각이 t에서 t+h까지 변화할 때 속도는 $2t + h$로 얻을
  수 있다.

나 그럼 유리야, 속도가 $2t + h$라고 하고 시각의 변화를 나타
내는 h를 0에 아주 가깝게 했다고 하자.

유리 응.

나 그때 속도가 $2t$에 아주 가까워진다는 것을 알겠니?

유리 그건 당연하지. $2t + h$의 h를 0에 가깝도록 했으니까.

- 속도는 $2t + h$로 얻을 수 있다.
- h를 0에 아주 가깝게 하면 속도는 $2t$에 아주 가까
  워진다.

나 h를 0에 아주 가깝게 했을 때, 속도가 $2t$에 아주 가까워진
다는 이야기를 세밀하게 생각하는 것이 수학의 극한에 대
한 이야기야. 지금 말한 '아주 가깝게'를 '끝없이 가까이'라
고 생각하는 것이 극한. 끝없이 가까이라는 것은 얼마든지
원하는 만큼 근접시킬 수 있다는 의미. 미분을 엄밀하게 정
의할 때 극한을 사용해.

유리 극한?

나 그래. 지금은 극한의 이야기는 하지 않겠지만. 그것보다 속
  도 그래프를 그려보자. 위치 그래프를 $x = t^2$으로 나타낼
  수 있을 때 속도 그래프는 $v = 2t$가 돼. 시각 t에서의 속도
  가 $2t$가 되는 것을 알았기 때문이야. 즉, 그래프는 이렇지.

위치 그래프

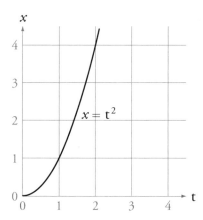

속도 그래프

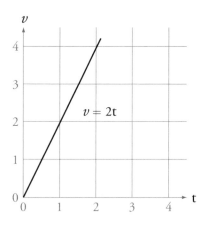

나 유리가 '미분을 한마디로 설명'하라고 말했을 때, 오빠야
　가 '순간의 변화율'을 구하는 거라고 말했지?

유리 응.

나 우리는 '위치 그래프' $x = t^2$이니까 '속도 그래프' $v = 2t$
　를 구했어. t^2을 t로 미분하면 $2t$가 돼. 이게 미분의 예야.

$$t^2 \xrightarrow{\quad t\text{로 미분하면}\quad} 2t$$

유리 t^2을 t로 미분하면 $2t$가 된다….

나 유리는 정의를 사용해서 몇 번이나 속도를 계산했지?

유리 응.

나 유리는 시각의 변화 h를 0에 가깝게 하면 속도도 0이 되는
　것이 아닌지 걱정했지만 그렇지 않았어. 속도는 $2t + h$라
　는 식이 되었지. 여기서 h를 0에 가깝게 해도 $2t$에 가까워
　질 뿐이야. 0에 가까워지는 것이 아니고.

유리 응. 속도가 0이 되는 것은 $t = 0$일 때만이지?

나 응응, 그렇지. 시각의 변화 h를 0에 가깝게 했을 때 속도
　　그래프는 $v = 2t$에 가까워져. 이것이 시각 t에서의 '순간의
　　속도'야. 시각 t의 순간에 얼마만큼의 비율로 위치 x가 변화
　　하는지를 구해. 이게 바로 미분이지.

유리 위치에서 속도를 구하는 것이 미분?

나 응. 그렇게 생각해도 좋아. 위치 $x = t^2$을 시각 t로 미분하
　　면 속도 2t를 얻을 수 있어.

유리 흐…음….

나 지금은 위치 x를 $x = t^2$이라는 식으로 나타낼 수 있는 경
　　우를 생각했어. 얻은 속도 v는 $v = 2t$라는 식이 되었지. 't^2
　　을 t로 미분해서 2t를 얻은' 거지. 만약 위치 x를 다른 수식
　　으로 나타낸다면, 그 수식을 미분해서 얻은 속도도 다른 수
　　식이 되겠지.

$$\text{위치} \xrightarrow{\text{시각으로 미분한다}} \text{속도}$$

유리 그…렇구나.

나 그렇지만 어떠한 수식으로 나타내든지 미분할 때의 계산
　　은 아까 유리가 한 계산과 같은 방법이 될 거야. 유리는 't^2

을 t로 미분해서 2t를 얻는다'는 계산을 직접 한 것이 되는 거야. 극한에 대해서는 다루지 않았지만.

유리 ….

나 어려웠어?

유리 음…. 조금? 계산은 간단하고 쉬웠는데 그 h를 0에 가깝게 해서…라는 부분을 아직 잘 모르겠어. 그렇지만 속도 그래프가 $v = 2t$가 되는 건 알겠어.

나 그건 대단한데!

유리 ….

나 왜 그래?

유리 있잖아. 계산하면서 생각해보니까, 왠지 비슷하다고 생각했다냐옹.

나 미분이 뭐랑 비슷하다고?

유리 있잖아, 미분이 계차수열이랑 비슷하다고 생각했다고!

"수식과 그래프가 감추고 있는 것은 무엇일까?"

제2장의 문제

- - - - - - - - - - - - -

●●● **문제 2-1 (위치 그래프를 읽는다)**

직선상을 움직이는 점의 '위치 그래프'가 (A)～(F)가 될

때 점이 각각 어떠한 운동을 하고 있다고 말할 수 있을까?

선택지 ① ～ ④ 중에서 선택하시오.

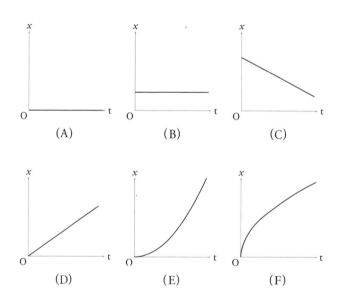

선택지

① 정지하고 있다(속도는 0인 채로 일정하다).

② 등속도로 운동하고 있다(속도는 일정하지만 0은 아니다).

③ 점점 빨라지고 있다(속도는 플러스로 증가하고 있다).

④ 점점 느려지고 있다(속도는 플러스지만 감소하고 있다).

(해답은 254쪽에)

••• **문제 2-2 (속도를 구한다)**

제2장에서는 시각 t에서의 위치 x를

$$x = t^2$$

으로 나타낼 때 시각 t에서의 속도 v를

$$v = 2t$$

로 나타내는 것을 확인했다.

그렇다면 시각 t에서의 위치 x를

$$x = t^2 + 5$$

로 나타낼 때 시각 t에서의 속도 v는 어떠한 식으로 나타낼 수 있는가?

(해답은 255쪽에)

제3장

파스칼의 삼각형

"패턴의 발견이란 반복의 발견이다."

방과 후, 나는 언제나처럼 학교 도서실로 향한다. 때마침 후배인 테트라가 '카드'를 바라보고 있다.

나 테트라, 그건 무라키 선생님이 주신 새로운 문제야?

테트라 네, 맞아요! 새로운 문제이지만 그렇게 새로운 것은 아니고….

나 이건 유명한 파스칼의 삼각형이네!

파스칼의 삼각형(무라키 선생님의 카드)

```
                    1
                 1     1
              1     2     1
           1     3     3     1
        1     4     6     4     1
     1     5    10    10     5     1
  1     6    15    20    15     6     1
1     7    21    35    35    21     7     1
1   8   28   56   70   56   28   8   1
```

테트라 옆에 있는 수를 더해서 아래의 수를 만드는 거죠?

$$a \searrow \quad \swarrow b$$
$$a+b$$

나 응. 그렇게 해서 전체를 만들어. 양 끝은 1이고.

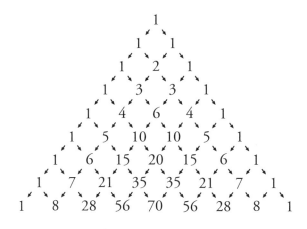

파스칼의 삼각형은 옆에 마주한 두 개의 수를 더해 만든다.

테트라 '무엇 무엇을 구한다'와 같은 문제의 형태로 되어 있
지 않으니까, 이 카드는 키무라 선생님의 '연구 과제'인 거
네요!

나 응. 그래서 테트라가 좋아하는 것을 자유롭게 생각해서 보고서를 만들면 좋아. 파스칼의 삼각형은 '연구 과제'의 정석. 이 삼각형에는 재미있는 성질이 많이 숨어 있어.

테트라 아, 아…. 2개의 수를 더했을 뿐인데 재미있는 성질이 그렇게 많아요? 파스칼 씨 대단한데요.

나 파스칼보다 더 이전 시대부터 중국 등에서도 알려졌던 모양이야. 파스칼의 삼각형에서는 유명한 수열을 발견할 수 있어. 예를 들어 수열 1, 2, 3, 4, 5, 6, 7, 8, …이 여기에 있지.

1 이상의 정수(1, 2, 3, 4, 5, 6, 7, 8, …)가 발견된다.

테트라 아, 비스듬하게 보면 그렇네요. 1씩 늘어나고.

나 자 그럼, 테트라에게 퀴즈를 낼게. 그 바로 밑에 보이는 수열 1, 3, 6, 10, 15, 21, 28, …은 뭐라고 생각해?

●●● **퀴즈**

이 수열(1, 3, 6, 10, 15, 21, 28, …)은 무엇일까?

테트라 음…. 뭘까요? 모르겠어요.

나 이건 삼각수가 되는 거야.

테트라 삼각수…라는 건 어떤 수예요?

나 이런 식으로 삼각형 형태로 공을 배열했을 때의 개수야.

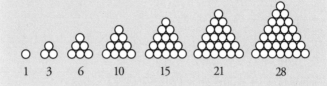

테트라 아아! 이거 본 적 있어요!

나 다른 퀴즈도 내볼게. 수열 1, 4, 10, 20, 35, 56, …은 뭐라
고 생각해?

●●● 퀴즈

이 수열(1, 4, 10, 20, 35, 56, …)은 무엇일까?

테트라 삼각수조차도 생각해내지 못했으니까….

나 아니야, 아니야. 생각해내는 것이 아니고 생각하는 거야. 테트라는 수열을 알아볼 때 사용할 '무기'를 갖고 있지?

테트라 무기…?

나 계차수열 말이야. 수열 $\langle a_n \rangle$이 나오면 $a_{n+1} - a_n$을 계산해서 계차수열을 구한다. 지금은….

테트라 수열 1, 4, 10, 20, 35, 56, …의 계차수열을 계산하면 되는군요. 알겠어요! 지금 바로!

나 잠, 잠깐만 테트라! 왜 계산해?

테트라 왜냐하면, 계차수열을 구하기 위해 뺄셈을 해야죠.

나 파스칼의 삼각형이 눈앞에 바로 있는데?

테트라 네?

나 파스칼의 삼각형을 만드는 법을 생각해 봐.

테트라 옆에 있는 숫자를 더해서 밑에 있는 숫자를 만들어요.

나 그렇지. 그렇다는 건 이 수열의 오른쪽에 계차수열이 있다는 거야. 계산하지 않아도 되는 거지!

수열의 오른쪽에 계차수열이 있다.

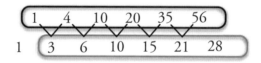

테트라 아, 저는 응용력이 없어서…. 파스칼의 삼각형을 만드
는 법은 아는데 계차수열을 일아차리지 못하다니….

나 테트라는 파스칼의 삼각형을 그려본 적 있어?

테트라 네, 수업시간에 한 번 그려봤어요.

나 나는 파스칼의 삼각형을 몇 번이나 그려봤어. 손을 움직여

서 그려보면 다양한 것을 발견할 수 있지. 오른쪽이 계차
수열이 되는 것도 스스로 그려봐야 알아차리기가 쉬워져.

테트라 그렇군요…. 어? 그런데, 계차수열을 발견했다 하더라
도 퀴즈의 답은 아직인 거죠?

나 수열 1, 4, 10, 20, 35, 56, …의 계차수열은 3, 6, 10, 15,
21, 28, …로 3에서 시작한 삼각수잖아? 음, 이건 재미있는
퀴즈야. 음, 재미있어.

테트라 선배님, 혼자 재밌어 하지 말아주세요!

나 먼저 삼각수의 계차수열은 2, 3, 4, 5, 6, 7, …이지만 마침
삼각형의 밑변에 배열된 공의 수이기도 해. 삼각수는 '조금
씩 길어지는 밑변'을 더해서 만들어진 수라고 할 수 있지.

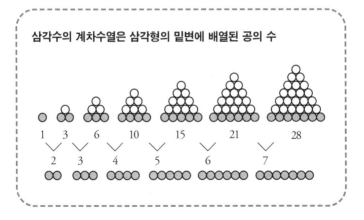

삼각수의 계차수열은 삼각형의 밑변에 배열된 공의 수

테트라 네. 밑변의 공만큼 늘어나고 있으니까.

나 똑같이 수열 1, 4, 10, 20, 35, 56, …도 '조금씩 커지는 삼각형'을 더해서 만든 수인 거야.

테트라 '조금씩 커지는 삼각형'을 더한다…. 그렇다면?

나 삼각뿔이 되는 거야! 삼각수 3, 6, 10, 15, 21, 28, …은 삼각뿔의 밑변에 배열된 공의 수가 돼. 즉, 지금 알고 싶은 수열 1, 4, 10, 20, 35, 56, …은 삼각뿔의 밑면의 수라고 할 수 있지!

테트라 삼각뿔의 밑면 수!

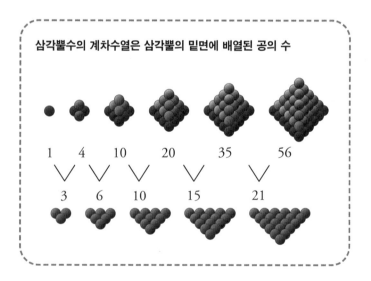

삼각뿔수의 계차수열은 삼각뿔의 밑면에 배열된 공의 수

나 공을 삼각뿔 형태로 쌓았을 때의 수, 그게 삼각뿔수야. 이
　　수열도 파스칼의 삼각형에 가려져 있던 거야.

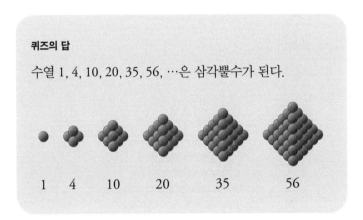

퀴즈의 답

수열 1, 4, 10, 20, 35, 56, …은 삼각뿔수가 된다.

| 1 | 4 | 10 | 20 | 35 | 56 |

테트라 그렇네요! 아아앗! 안돼요, 선배님! 제가 무라키 선생
　　님에게 받은 카드니까 선배님이 재밌는 부분을 그렇게 발
　　견하면 곤란하다구요!

나 걱정 마 테트라. 파스칼의 삼각형의 비밀은 얼마든지 발견
　　할 수 있으니까. 예를 들어 이번에는 수평으로 배열된 수,
　　즉 파스칼의 삼각형의 행을 생각해보면 되잖아.

테트라 네엣! 재미있는 성질, 제가 발견해보겠어요!

●●● **문제1**

파스칼의 삼각형의 각행에 배열되는 수의 성질을 발견해
보자.

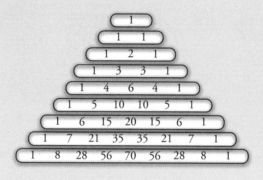

테트라 선배님, 발견했어요. 각행이 좌우대칭이에요. 봐요. 1,
  3, 3, 1이나 1, 4, 6, 4, 1이나.

나 응, 좋아. 그건 파스칼의 삼각형의 중요한 성질이야.

테트라 그리고, 아까 수열을 가지고 생각했잖아요. 저는 수열
  을 본 게 아니고 계산했어요. 한 행에 있는 수를 모두 더하

는 거죠!

나 음.

테트라 그렇다면 말이에요, 이건 대단한 일이에요. 1, 2, 4, 8, 16, …과 같이 어느 행도 2의 제곱이 되요. $1 = 2^0$, $2 = 2^1$, $4 = 2^2$, $8 = 2^3$, $16 = 2^4$, ….

해답1 (한 가지 예)

파스칼의 삼각형에서 각 행에 배열된 수의 합은 2의 제곱이 된다.

$$
\begin{array}{lll}
1 & = 1 & = 2^0 \\
1 + 1 & = 2 & = 2^1 \\
1 + 2 + 1 & = 4 & = 2^2 \\
1 + 3 + 3 + 1 & = 8 & = 2^3 \\
1 + 4 + 6 + 4 + 1 & = 16 & = 2^4 \\
1 + 5 + 10 + 10 + 5 + 1 & = 32 & = 2^5 \\
1 + 6 + 15 + 20 + 15 + 6 + 1 & = 64 & = 2^6 \\
1 + 7 + 21 + 35 + 35 + 21 + 7 + 1 & = 128 & = 2^7 \\
1 + 8 + 28 + 56 + 70 + 56 + 28 + 8 + 1 & = 256 & = 2^8
\end{array}
$$

나 좋아! 테트라의 발견, 증명해볼까?

테트라 증명?

파스칼의 삼각형에서 위에서부터 n행째(n = 1, 2, 3, …)
의 수를 모두 합친 합을 a_n이라고 한다. 이때

$$a_n = 2^{n-1}$$

이 성립한다는 것을 증명하시오.

테트라 엥? a_n이 2^{n-1}이에요? 2^n이 아니고?

나 틀렸어. 봐봐, n = 1일 때를 생각해보자. 1행째의 합은 1이
　　지? $a_n = 2^n$이라면 $a_1 = 2^1 = 2$가 되어버려. $a_1 = 2^0 = 1$
　　로 해야 하는데 말이지. 그렇기 때문에 a_n은 2^n이 아니고
　　2^{n-1}이 되는 거야.

테트라 앗! 그렇죠….

나 이 문제, 파스칼의 삼각형을 만드는 방법으로 금방 알 수
　　있어. 만드는 방법은….

테트라 옆에 있는 수를 더해서 밑에 있는 숫자를 만들어요.

나 응, 그 방법에서 반대로 생각하는 거야. 어떤 숫자가 다
　　음의 행의 숫자를 만들 때에 몇 번 사용되는지 생각하는

거야.

테트라 몇 번… 사용된다고요?

나 그렇지. 파스칼의 삼각형에 나오는 숫자는 '왼쪽 아래의 숫
자를 만들 때'와 '오른쪽 아래의 숫자를 만들 때'로 두 번 사
용되잖아? 반드시.

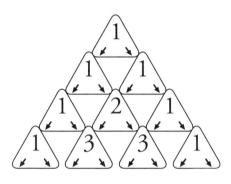

어떤 숫자라도 두 번씩 사용된다.

테트라 아아…. 그렇기도 하지만….

나 두 번씩 사용되니까 어떤 행의 합을 2배한 수가 다음 행
의 합이 되는 거야.

테트라 정말이네요! 딱 2배가 돼요!

나 파스칼의 삼각형의 '제n행의 합'을 a_n으로 나타내. 그러
면, $a_n = 1$이 되고, 제k + 1행째는 제k행의 2배가 돼서

$a_{k+1} = 2a_k$가 성립하는 거야. 즉, 이런 점화식을 만들 수 있어.

점화식

파스칼의 삼각형의 '제n행의 합'을 a_n이라고 한다면 아래의 점화식이 성립한다.

$$\begin{cases} a_1 = 1 \\ a_{k+1} = 2a_k \end{cases} \quad (k = 1, 2, 3, \ldots)$$

테트라 그렇군요!

나 이 점화식을 사용하면 a_n의 첨자 n을 1개씩 줄여갈 수 있어.

$a_n = 2a_{n-1}$	점화식을 사용하면 $a_n = 2a_{n-1}$ 이므로
$\quad = 2 \cdot 2a_{n-2}$	점화식을 사용하면 $a_{n-1} = 2a_{n-2}$ 이므로
$\quad = 2 \cdot 2 \cdot 2a_{n-3}$	점화식을 사용하면 $a_{n-2} = 2a_{n-3}$ 이므로
$\quad = \cdots$	이를 반복한다.
$\quad = \underbrace{2 \cdot 2 \cdot \cdots \cdot 2}_{k개의 2의 곱(2^k)} a_{n-k}$	k번 반복한다.

$= \cdots$ 　　　　　　　　　계속 반복한다.

$= \underbrace{2 \cdot 2 \cdot \cdots \cdot 2}_{n-1\text{개의 2의 곱}(2^{n-1})} a_{n-(n-1)}$ 　　n − 1 회 반복했다.

$= 2^{n-1} a_1$ 　　　　　　　$n - (n - 1) = 1$ 이므로

$= 2^{n-1}$ 　　　　　　　　$a_1 = 1$ 이므로

테트라 이걸로 $a_n = 2^{n-1}$이라고 말할 수 있었던 거네요!

해답2

파스칼의 삼각형에서 1행째의 합은 1이 되므로 $a_1 = 1$이다. 또한 $k + 1$행째의 수를 만들기 위해 k행째에 나오는 수가 2회씩 사용되므로 $a_{k+1} = 2a_k$이다. 즉, 아래의 점화식이 성립한다.

$$\begin{cases} a_1 = 1 \\ a_{k+1} = 2a_k \end{cases} \qquad (k = 1, 2, 3, \ldots)$$

이것을 풀면,

$$a_n = 2^{n-1} \qquad (n = 1, 2, 3, \ldots)$$

을 얻을 수 있다.

나 그런데 테트라는 $(x+y)^2$을 전개할 수 있지?

테트라 네, 할 수 있어요.

$$(x+y)^2 = x^2 + 2xy + y^2$$

나 그럼 $(x+y)^3$의 전개는?

테트라 이렇죠.

$$(x+y)^3 = x^3 + 3x^2y + 3xy^2 + y^3$$

나 그래. 그리고 4제곱인 경우는 이렇게 되지.

$$(x+y)^4 = x^4 + 4x^3y + 6x^2y^2 + 4xy^3 + y^4$$

테트라 음, 여기까지는 기억이 애매해서….

나 파스칼의 삼각형이 눈앞에 있는데도?

테트라 네?

나 $(x+y)^n$을 전개했을 때의 관계는 파스칼의 삼각형에 나
오는 수. 그리고 그건 'n개의 수에서 k개를 선택해서 조합
한 수'가 되는 거야.

$$(x+y)^0 = \mathbf{1}x^0 y^0$$

$$(x+y)^1 = \mathbf{1}x^1 y^0 + \mathbf{1}x^0 y^1$$

$$(x+y)^2 = \mathbf{1}x^2 y^0 + \mathbf{2}x^1 y^1 + \mathbf{1}x^0 y^2$$

$$(x+y)^3 = \mathbf{1}x^3 y^0 + \mathbf{3}x^2 y^1 + \mathbf{3}x^1 y^2 + \mathbf{1}x^0 y^3$$

$$(x+y)^4 = \mathbf{1}x^4 y^0 + \mathbf{4}x^3 y^1 + \mathbf{6}x^2 y^2 + \mathbf{4}x^1 y^3 + \mathbf{1}x^0 y^4$$

$(x+y)^n$의 전개와 파스칼의 삼각형

테트라 아아, $(x+y)^n$을 전개했을 때 파스칼의 삼각형이 나
오는 것, 대충 기억하고 있었어요. 그런데, 선배님처럼 확
실하게 생각이 나지 않아서….

나 나도 처음부터 간단하게 풀 수 있었던 건 아니야.

테트라 엥? 정말로요?

나 정말이야. '$(x+y)^n$의 전개와 파스칼의 삼각형'의 이야기
를 처음 책으로 읽었을 때, 한 번에 머릿속에 들어온 건 아
니야. 직접 종이에 그리면서 '음…. 진짜네'라고 실감했어.

그리고 이것저것 생각했고. 파스칼의 삼각형을 통해서 많이 '즐겼다'고 생각해.

테트라 즐겼다?

나 응. 손을 움직이면서 자유롭게, 그리고 자유롭게 즐겼어. 파스칼의 삼각형을 만들어서 구부러진 부분을 가르키곤 하면서. 그러는 사이에 익숙해지는 거야.

테트라 '구부러진 부분을 가르키다'라는 건 무슨 말이에요?

3-4 구부러진 부분을 가르킨다

나 파스칼의 삼각형에서 제일 첫 번째의 1부터 비스듬하게 숫자를 따라가며 내려간다고 해보자. 그때, 왼쪽 아래로 내려가는 것을 L로 표시하고, 오른쪽 아래로 내려가는 것을 R로 표시한다고 해보자.

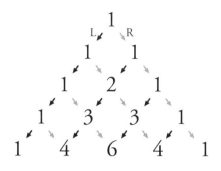

파스칼의 삼각형을 따라 내려간다.

테트라 L은 Left(왼쪽)고, R은 Right(오른쪽)네요!

나 응. 그렇게 하면 재밌게도 파스칼의 삼각형에 나오는 수는 '목적지까지 내려가는 순서의 개수'와 같아. 예를 들어 6으로 내려가는 순서는 다음과 같이 6가지가 있어.

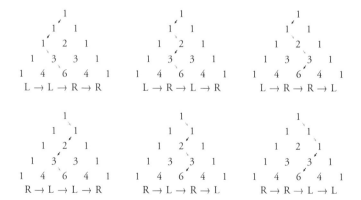

6까지 내려가는 방법은 6가지가 있다.

테트라 그렇군요….

나 이 6가지는 L이나 R 중 '한쪽을 4번 선택하는 동안, L을 2번 선택하는 경우의 수'와 같아. 4번 중 2번, L을 선택하는 경우의 수라는 것은 '4개에서 2개를 선택하는 조합의 수'와 같지. 즉, $_4C_2$ 가 되는 거야. 수학 책에서는 $\binom{4}{2}$라고 쓰는 경우가 많지만.

$$
\begin{aligned}
《6으로\ 내려가는\ 방법의\ 수》 &= 《4번\ 중\ 2회,\\
&\qquad L을\ 선택하는\ 경우의\ 수》\\[4pt]
&= 《4개에서\ 2개를\ 선택하는\\
&\qquad 조합의\ 수》\\[4pt]
&= {}_4C_2\\[4pt]
&= \binom{4}{2}\\[4pt]
&= \frac{4\cdot 3}{2\cdot 1}\\[4pt]
&= 6
\end{aligned}
$$

테트라 와아아….

나 더 나아가면 이런 식으로 'L이나 R 중 한쪽을 선택한다'
는 선택을 4번 하는 것은 $(L+R)^4$을 전개할 때와 똑같아.

테트라 엥?

나 $(L+R)^4 = (L+R)(L+R)(L+R)(L+R)$이잖아. 이것을
전개할 때 괄호 4개 중에서 L과 R을 선택하는 거야.

---

* !은 팩토리얼(계승)이라고 읽는다.

$(Ⓛ + R)(Ⓛ + R)(Ⓛ + R)(Ⓛ + R) \rightarrow ⓁⓁⓁⓁ = Ⓛ^4Ⓡ^0$

$(Ⓛ + R)(Ⓛ + R)(Ⓛ + R)(L + Ⓡ) \rightarrow ⓁⓁⓁⓇ = Ⓛ^3Ⓡ^1$

$(Ⓛ + R)(Ⓛ + R)(L + Ⓡ)(Ⓛ + R) \rightarrow ⓁⓁⓇⓁ = Ⓛ^3Ⓡ^1$

$(Ⓛ + R)(Ⓛ + R)(L + Ⓡ)(L + Ⓡ) \rightarrow ⓁⓁⓇⓇ = Ⓛ^2Ⓡ^2$

$(Ⓛ + R)(L + Ⓡ)(Ⓛ + R)(Ⓛ + R) \rightarrow ⓁⓇⓁⓁ = Ⓛ^3Ⓡ^1$

$(Ⓛ + R)(L + Ⓡ)(Ⓛ + R)(L + Ⓡ) \rightarrow ⓁⓇⓁⓇ = Ⓛ^2Ⓡ^2$

$(Ⓛ + R)(L + Ⓡ)(L + Ⓡ)(Ⓛ + R) \rightarrow ⓁⓇⓇⓁ = Ⓛ^2Ⓡ^2$

$(Ⓛ + R)(L + Ⓡ)(L + Ⓡ)(L + Ⓡ) \rightarrow ⓁⓇⓇⓇ = Ⓛ^1Ⓡ^3$

$(L + Ⓡ)(Ⓛ + R)(Ⓛ + R)(Ⓛ + R) \rightarrow ⓇⓁⓁⓁ = Ⓛ^3Ⓡ^1$

$(L + Ⓡ)(Ⓛ + R)(Ⓛ + R)(L + Ⓡ) \rightarrow ⓇⓁⓁⓇ = Ⓛ^2Ⓡ^2$

$(L + Ⓡ)(Ⓛ + R)(L + Ⓡ)(Ⓛ + R) \rightarrow ⓇⓁⓇⓁ = Ⓛ^2Ⓡ^2$

$(L + Ⓡ)(Ⓛ + R)(L + Ⓡ)(L + Ⓡ) \rightarrow ⓇⓁⓇⓇ = Ⓛ^1Ⓡ^3$

$(L + Ⓡ)(L + Ⓡ)(Ⓛ + R)(Ⓛ + R) \rightarrow ⓇⓇⓁⓁ = Ⓛ^2Ⓡ^2$

$(L + Ⓡ)(L + Ⓡ)(Ⓛ + R)(L + Ⓡ) \rightarrow ⓇⓇⓁⓇ = Ⓛ^1Ⓡ^3$

$(L + Ⓡ)(L + Ⓡ)(L + Ⓡ)(Ⓛ + R) \rightarrow ⓇⓇⓇⓁ = Ⓛ^1Ⓡ^3$

$(L + Ⓡ)(L + Ⓡ)(L + Ⓡ)(L + Ⓡ) \rightarrow ⓇⓇⓇⓇ = Ⓛ^0Ⓡ^4$

테트라 아하…. 이것을 전부 더한 것이 전개라는 거죠?

나 그렇지. 세어보면 알 수 있듯이,

- $Ⓛ^4Ⓡ^0$ 이 1개
- $Ⓛ^3Ⓡ^1$ 이 4개
- $Ⓛ^2Ⓡ^2$ 이 6개
- $Ⓛ^1Ⓡ^3$ 이 4개
- $Ⓛ^0Ⓡ^4$ 이 1개

가 되는 거야. 이것이 마침 딱 $(x+y)^4$을 전개했을 때의 함수 1, 4, 6, 4, 1이지.

$$Ⓛ^4Ⓡ^0 + Ⓛ^3Ⓡ^1 + Ⓛ^3Ⓡ^1 + Ⓛ^2Ⓡ^2$$
$$+ Ⓛ^3Ⓡ^1 + Ⓛ^2Ⓡ^2 + Ⓛ^2Ⓡ^2 + Ⓛ^1Ⓡ^3$$
$$+ Ⓛ^3Ⓡ^1 + Ⓛ^2Ⓡ^2 + Ⓛ^2Ⓡ^2 + Ⓛ^1Ⓡ^3$$
$$+ Ⓛ^2Ⓡ^2 + Ⓛ^1Ⓡ^3 + Ⓛ^1Ⓡ^3 + Ⓛ^0Ⓡ^4$$
$$= \mathbf{1}Ⓛ^4Ⓡ^0 + \mathbf{4}Ⓛ^3Ⓡ^1 + \mathbf{6}Ⓛ^2Ⓡ^2 + \mathbf{4}Ⓛ^1Ⓡ^3 + \mathbf{1}Ⓛ^0Ⓡ^4$$

나 $(x+y)^n$이고 $x = y = 1$이라고 해보자. 즉 $(1+1)^n$을 전개하는 거야. 그러면 함수만이 남아서 파스칼의 삼각형의 행의 수를 더한 식이 나오지!

$$(1+1)^0 = \mathbf{1} = 2^0$$

$$(1+1)^1 = \mathbf{1+1} = 2^1$$

$$(1+1)^2 = \mathbf{1+2+1} = 2^2$$

$$(1+1)^3 = \mathbf{1+3+3+1} = 2^3$$

$$(1+1)^4 = \mathbf{1+4+6+4+1} = 2^4$$

$(1+1)^n$의 전개와 파스칼의 삼각형

테트라 그렇군요! 이렇게 해도 파스칼의 삼각형의 행의 수를 더하면 2의 제곱이 되는 것을 증명할 수 있네요!

나 그렇지, 그렇지! 아까의 문제(104쪽)에서는 점화식을 풀었지만 $(1+1)^n$을 전개해도 괜찮아.

테트라 파스칼의 삼각형, 재미있어요! 순서의 수, 조합의 수, 전개 공식, 2의 제곱….

나 있잖아, 테트라. 아까 구부러진 부분을 셀 때,

$$(x+y)^4 = 1x^4y^0 + 4x^3y^1 + 6x^2y^2 + 4x^1y^3 + 1x^0y^4$$

와 같은 식을 생각해서 함수가 1, 4, 6, 4, 1이 되었잖아?

테트라 네.

나 그 함수는 4개에서 k개를 선택해서 조합한 수야.

$$\begin{aligned}
(x+y)^4 = 1x^4y^0 \quad & 1\text{은《4개에서 0개 선택한 조합의 수》} \\
+ 4x^3y^1 \quad & 4\text{는《4개에서 1개 선택한 조합의 수》} \\
+ 6x^2y^2 \quad & 6\text{은《4개에서 2개 선택한 조합의 수》} \\
+ 4x^1y^3 \quad & 4\text{는《4개에서 3개 선택한 조합의 수》} \\
+ 1x^0y^4 \quad & 1\text{은《4개에서 4개 선택한 조합의 수》}
\end{aligned}$$

테트라 알아요.

나 k = 0, 1, 2, 3, 4로 '4개에서 k개를 선택한 조합의 수'를 $\binom{4}{k}$라고 쓰면 이렇게 되잖아?

$$(x + y)^4 = \binom{4}{0} x^4 y^0$$

$$+ \binom{4}{1} x^3 y^1$$

$$+ \binom{4}{2} x^2 y^2$$

$$+ \binom{4}{3} x^1 y^3$$

$$+ \binom{4}{4} x^0 y^4$$

테트라 복잡하지만…. 알겠어요.

나 여기까지 알겠다면, 일반적으로 써도 이해할 거야. 즉 $(x + y)^4$이 아니고 $(x + y)^n$을 전개해보는 거야. 4제곱이 아니고 n제곱이지. 그러면, 이항정리를 얻을 수 있어.

$$(x + y)^n = \binom{n}{0} x^{n-0} y^0$$

$$+ \binom{n}{1} x^{n-1} y^1$$

$$+ \binom{n}{2} x^{n-2} y^2$$

$$+ \cdots$$

$$+ \binom{n}{k} x^{n-k} y^k$$

$$+ \cdots$$

$$+ \binom{n}{n-2} x^2 y^{n-2}$$

$$+ \binom{n}{n-1} x^1 y^{n-1}$$

$$+ \binom{n}{n-0} x^0 y^{n-0}$$

테트라 우와, 이건…. 어려운데요.

나 각 항을 위에서부터 읽으면서 x와 y의 지수가 어떻게 변화하는지를 보면 어렵지 않아.

- x의 지수는 n − 0, n − 1, n − 2, ⋯, 2, 1, 0으로 변화하고 있다.

- y의 지수는 0, 1, 2, ⋯, n − 2, n − 1, n − 0으로 변화하고 있다.

테트라 우와⋯. 역순이네요.

나 그렇지. 그리고 x의 지수와 y의 지수를 더하면 언제나 n 이야.

3-6 미분

나 이항정리는 x^n을 미분할 때 사용하지.

나 x^n을 미분한다⋯는 건 nx^{n-1}이에요?

테트라는 비밀노트를 펼치고 그렇게 말했다.

나 어? 테트라는 미분에 대해서 벌써 배웠어?

테트라 선생님이 수업시간에 살짝 말씀하셨어요. 저는 그것을 메모해두었을 뿐이고요.

미분에 대한 메모(테트라의 노트)

x^n을 미분하면 nx^{n-1}

나 응, 틀리지는 않았는데 설명이 부족하네.

테트라 저는…. 메모를 했을 뿐이라 아무것도 몰라요.

나 자 그럼 조금 설명해볼까? 테트라의 메모에 설명을 추가 하면 이런 식이 되지.

미분에 대한 메모(테트라의 노트에 설명을 추가)

x의 함수로서

$$x^n$$

을 생각한다($n = 1, 2, 3, \cdots$).

이 함수 x^n을 x로 미분하여 얻어지는 도함수는

$$nx^{n-1}$$

이 된다. 다만, x^0은 1로 나타낸다.

테트라 단지 x^n을 쓰는 것이 아니고 'x^n은 x의 함수'라고 써두는 거네요?

나 음, 그렇지. 스스로 무엇을 의미하고 있는지 잘 알고 있다면 'x^n을 미분하면 nx^{n-1}'만으로 충분하지만. 그리고 도함수라는 것은 어떤 함수를 미분해서 얻어진 함수를 말해.

테트라 네. 고맙습니다. 그런데 $n = 1, 2, 3, \cdots$으로 시험 삼아 써도 되는 거예요? n이 나오면 작은 수로 생각해보려고 했어요.

나 그건 아주 좋은 방법이야!

- x^1을 x로 미분하면, $1x^0$(즉 1)이 된다.
- x^2을 x로 미분하면, $2x^1$(즉 $2x$)이 된다.
- x^3을 x로 미분하면, $3x^2$이 된다.
- $\cdots$.
- x^n을 x로 미분하면, nx^{n-1}이 된다.

테트라 선배님, n을 구체적으로 나타내면서 알게 된 점인데, x^n의 미분은 'n을 아래로 옮기고 1을 뺀다'는 거죠?

나 그렇지. x^n을 x로 미분할 때에는 지수의 n을 계수 부분으로 옮기고, 지수의 n을 $n - 1$로 바꾸는 식 변형이 일어나.

그러면 x^n에서 nx^{n-1}이 만들어지지. x^n의 미분을 암기하는 방법으로는 그 방법도 좋지만.

n을 아래로 옮기고, 1을 뺀다.

$$x^{\boxed{n}} \xrightarrow[x\text{로 미분}]{} \boxed{n}x^{\boxed{n-1}}$$

테트라 네. 그런데… 원래 미분이란 뭐예요? 선배님은 nx^{n-1}이라는 식을 간단하게 보여주셨는데, 특별한 설명은 하지 않았잖아요.

나 그렇군. 미분을 한마디로 설명하면 '순간의 변화율'을 구하는 거야… 어?

테트라 순간의 변화율이요? …왜요? 선배님?

나 아니, 비슷한 이야기를 얼마 전에 유리에게 했던 생각이 나서.

테트라 유리는 중학생인데 벌써 미분을 배워요?

나 아니, 아니. 위치와 속도에 대해서 간단하게 이야기를 해 줬을 뿐이야.

나는, 전날의 일을 다시 이야기했다.

시각 t에서의 위치가 t^2일 때,

시각 t에서의 순간의 속도는 2t이다.

t^2을 t로 미분하면, 2t가 된다.

테트라 유리가 대단하네요!

나 시각 t에서의 위치가 t^2이 되는 간단한 경우지.

테트라 그래도 대단해요!

나 't^2을 t로 미분하면 2t가 된다'는 것은 'x^n을 x로 미분하면 nx^{n-1}이 되는 예'라고 할 수 있어.

테트라 네?

나 왜냐하면 x를 t로 바꿔서 n = 2로 생각해봐.

- x^n을 x로 미분하면, nx^{n-1}이 된다.

- t^n을 t로 미분하면, nt^{n-1}이 된다. (x를 t로 바꾸었다)

• t^2을 t로 미분하면, $2t$가 된다. (n = 2로 했다)

테트라 그렇군요.

나 x^n을 x로 미분하면 nx^{n-1}이 된다고 말했잖아?

테트라 네. 'n을 아래로 옮기고 1을 뺀다.'

나 그건 어디까지나 식 변형의 암기법이야. 이항정리를 사
　용하면 테트라는 x^n을 x로 미분하는 계산을 할 수 있어.

테트라 엣! 갑자기 그렇게 말씀하셔도….

나 괜찮아, 괜찮아. 문제의 형태로는 이렇게 만들어져.

●●● 문제

함수 x^n을, x로 미분해서 얻어진 도함수는 어떤 식으로
나타낼 수 있는가?

테트라 음…. 답은 nx^{n-1}이죠?

나 그렇지. 그것을 암기로 대답하는 것이 아니고, 계산으로 구
　하는 것. 계산의 실마리는 속도와 같아.

테트라 속도와 같다….

나 속도를 구할 때 '위치의 변화'를 '시각의 변화'로 나누었

잖아?

테트라 네.

나 똑같이 'x^n의 변화'를 'x의 변화'로 나누는 거야. x에서 x+h까지 변화할 때를 생각해서. x가 x+h로 변화했을 때의 'x^n의 평균 변화율'을 구하는 거지.

---

x가 x+h로 변화했을 때의 'x^n의 평균 변화율'을 구한다.

$$\langle\!\langle x^n\text{의 평균 변화율}\rangle\!\rangle = \frac{\langle\!\langle x^n\text{의 변화}\rangle\!\rangle}{\langle\!\langle x\text{의 변화}\rangle\!\rangle}$$

$$= \frac{\langle\!\langle \text{변화 후의 } x^n\text{의 값}\rangle\!\rangle - \langle\!\langle \text{변화 전의 } x^n\text{의 값}\rangle\!\rangle}{\langle\!\langle \text{변화 후의 } x\text{의 값}\rangle\!\rangle - \langle\!\langle \text{변화 전의 } x\text{의 값}\rangle\!\rangle}$$

$$= \frac{(x+\text{h})^n - (x)^n}{(x+\text{h}) - (x)}$$

테트라 이것을 계산하면 되나요?

나 응, 그렇지.

$$\langle\!\langle x^n \text{의 평균 변화율}\rangle\!\rangle = \frac{(x+h)^n - x^n}{(x+h)-(x)}$$

$$= \frac{(x+h)^n - x^n}{h} \quad \text{분모를 계산했다.}$$

$$= \frac{1}{h}\{(x+h)^n - x^n\}$$

테트라 여기서 $(x+h)^n$을 전개하는 거군요. 음….

나 $(x+h)^n$의 전개에 이항정리를 사용하는 거야.

테트라는 끈기 있게 계산해나간다.

$$\frac{1}{h}\{(x+h)^n - x^n\}$$

$$= \frac{1}{h}\left\{\underbrace{\binom{n}{0}x^n h^0 + \binom{n}{1}x^{n-1}h^1 + \binom{n}{2}x^{n-2}h^2 + \cdots + \binom{n}{n}x^0 h^n}_{\text{이항정리를 사용해 } (x+h)^n \text{ 을 전개했다.}} - x^n\right\}$$

$$= \frac{1}{h}\left\{\cancel{x^n} + \binom{n}{1}x^{n-1}h + \binom{n}{2}x^{n-2}h^2 + \cdots + \binom{n}{n}h^n - \cancel{x^n}\right\}$$

$$= \frac{1}{h}\left\{\binom{n}{1}x^{n-1}h + \binom{n}{2}x^{n-2}h^2 + \cdots + \binom{n}{n}h^n\right\} \qquad x^n \text{ 이 사라졌다.}$$

$$= \binom{n}{1}x^{n-1} + \binom{n}{2}x^{n-2}h^1 + \cdots + \binom{n}{n}h^{n-1} \qquad h \text{ 로 나누었다.}$$

테트라 다음에 조합의 수를 계산하는 건가요…?

나 잠깐, 멈춰봐. 마지막의 식을 다시 한 번 잘 봐.

$$\binom{n}{1}x^{n-1} + \binom{n}{2}x^{n-2}h^1 + \cdots + \binom{n}{n}h^{n-1}$$

테트라 네.

나 +로 이어진 각 항을 잘 보면, h를 곱한 항과 곱하지 않은 항 두 종류가 있다는 걸 알겠어?

테트라 네, 알겠어요. 처음 항만 h가 없네요.

$$\binom{n}{1}x^{n-1} + \underbrace{\binom{n}{2}x^{n-2}h^1 + \cdots + \binom{n}{n}h^{n-1}}_{\text{모두 h가 곱해져 있는 항}}$$

나 그러니까, 이런 식으로 쓸 수 있어.

$$《x^n \text{의 평균 변화율}》 = \binom{n}{1}x^{n-1} + 《h\text{가 곱해진 식}》$$

테트라 …네.

나 그런데 $\binom{n}{1}$은 뭘까?

테트라 n개에서 1개 선택할 때의 조합의 수니까 $\binom{n}{1} = n$이에요.

$$《x^n\text{의 평균 변화율}》 = nx^{n-1} + 《h\text{가 곱해진 식}》$$

나 그렇지. 우리는 '순간의 변화율'을 구하고 싶으니까, 이 식
　에서 h를 0에 아주 가깝게 가져가. 그러면 'h가 곱해진 식'
　의 부분도 0에 아주 가까워져. 이 극한을 생각하면 우리가
　잘 알고 있던 식 nx^{n-1}을 얻을 수 있어. 이게 도함수야.

해답

x의 함수 x^n을 x로 미분해서 얻은 도함수는

$$nx^{n-1}$$

로 나타낼 수 있다.

테트라 뭔가…. 음…. 미묘한 느낌이에요. 아주 어려운 문제랑
　아주 쉬운 문제가 섞여 있는 듯한.

나 무슨 말이야?

테트라 미분이란 건 엄청 어려운 거라고 생각했어요. 근데, 위

치에 대한 속도와 같은 것이라고 하니 엄청 쉽게 느껴져요.

나 응응.

테트라 'x^n의 평균 변화율'은 쉽다고 생각했어요. 그런데, 실제로 x^n에서 계산하는 것은 이항정리가 없었다면 분명히 어려워서 할 수 없을 거예요.

나 음, 그렇구나. 테트라는 지금 'x^n을 x로 미분'하는 계산을 혼자서 해냈어. 'h를 끝없이 0에 가깝게 한다'는 극한의 이야기는 생략했지만.

테트라 선배님…. 저, x^n을 미분한다는 이야기는 조금 알겠는데, 기본적인 건 아직 확실하게 모르겠어요. 애초부터 왜 미분을 생각하는 거죠?

나 미분을 생각하는 이유는 변화를 파악하기 위해서야.

테트라 변화를… 파악한다?

나 예를 들어, 속도를 왜 생각하냐면 '시각의 변화'에 대한 '위치의 변화'를 파악하기 위해서라고 할 수 있어. 현재는 이 위치에 있지만 어느 일정한 시각이 흐르면 위치도 변화해. 그럼 도대체 얼마만큼 변화했을까…. 그것은 속도에 해당하지.

테트라 아아….

나 그럼 속도의 이야기를 더 일반적으로 생각해보자. x의 함

수 $f(x)$가 주어졌을 때 'x의 변화'에 대한 '$f(x)$의 변화'를 파
악하고 싶어.

테트라 네.

나 x가 1에서 $1+h$까지 변화할 때의 '$f(x)$의 평균 변화율'. 그
리고 x가 2에서 $2+h$까지 변화할 때의 '$f(x)$의 평균 변화
율'. 이 2개가 같다고는 할 수 없어. x의 값에 따라 '$f(x)$의 평
균 변화율'이 결정된다고 하면 '$f(x)$의 평균 변화율'은 x의
함수로 간주할 수 있지. x의 값이 하나 결정되면 그에 대응
한 값이 하나 결정되는 것을 함수라고 하니까.

테트라 함수로 간주한다….

나 그리고, x의 변화를 나타내는 h를 0에 최대한 가깝게 했을
때를 극한이라고 하는데, 이때, '$f(x)$의 평균 변화율'은 어떻
게 될까? 그것은 이를테면 $f(x)$의 '순간의 변화율'이야. 그
것이 $f(x)$의 도함수 $f'(x)$지. 테트라가 아까 이항정리를 사
용해서 $f(x) = x^n$이라는 함수에서 $f'(x) = nx^{n-1}$이라는
도함수를 계산했다고 말할 수 있어. 그리고 x가 변화할 때
에 x^n은 어떻게 변화할지를 nx^{n-1}이 알려주지.

테트라 그것이 '변화를 파악한다'는 것이죠?

나 그렇지. 주어진 함수를 미분해서 도함수를 얻으면 함수의
변화의 모습을 파악할 수 있어. 수학에서 미분이 중요한 이

유는 그 때문이라고 생각해.

테트라 변화를 파악한다…. 조금 알 것 같아요…. 아! 그리고 또 하나 질문이 있어요. 도함수도 함수인 거죠?

나 그렇지. 어떤 함수를 미분해서 얻은 함수를 원래의 도함수라고 부르니까, 도함수도 함수야. 미분 계산을 할 때, 우리는 함수에서 다른 함수를 만드는 계산을 하고 있는 거지.

테트라 함수에서 다른 함수를 만드는 계산….

미즈타니 선생님 하교시간이에요.

"패턴의 발견이란 '동일시할 수 있는 것'의 발견이다."

제3장의 문제

●●● 문제 3-1 (파스칼의 삼각형)

●●● 문제 3-1 (파스칼의 삼각형)

파스칼의 삼각형을 그려보시오.

(해답은 258쪽에)

●●● 문제 3-2 (함수 x^4의 미분)

함수 x^4을 x로 미분했을 때의 도함수를 계산으로 구하시오.

(x가 h만큼 변화할 때의 'x^4의 평균 변화율'을 계산하여, h를 최대한 0에 가깝게 했을 때의 모습을 알아보시오.)

(해답은 260쪽에)

●●● 문제 3-3 (속도와 위치)

직선상을 움직이는 점의 속도를 시각 t의 함수 $4t^3$으로 나타낸다. 이때, 점의 위치는 t의 함수 t^4으로 나타낼 수 있다고 말할 수 있는가?

(해답은 261쪽에)

제4장

위치와 속도와 가속도

"위치에서 속도가 생겨난다면,
속도에서는 무엇이 생겨날까?"

유리 오빠야, 미분이 뭐야?

나 엥? 얼마 전에 말해줬잖아?

유리 이번에는 미분의 미분을 제대로 알려줘!

나 미분의 미분? 또 친구랑 경쟁하고 있는 모양이구나.

유리 그런 참견은 필요 없으니까 빨리 알려줘.

나 유리는 이미 미분이 어떤 건지 대강 알고 있으니까 '미분 의 미분'도 금방 알 거라 생각해. 간단하게 말하면 미분한 뒤 또 미분하는 것을 말해.

유리 그것뿐이야?

나 간단하게 말하면 그렇지.

유리 알겠어, 고마워. 안녕!

나 잠, 잠깐만! 기다려!

유리 왜?

나 정말 알겠어…? 이전에는 '위치'와 '속도'를 사용해서 미분 이야기를 했잖아. 위치를 시각의 함수라고 생각해서 위치 를 시각으로 미분하면, 속도를 얻는다는 내용.

유리 응. 계산해서 그래프를 그렸지.

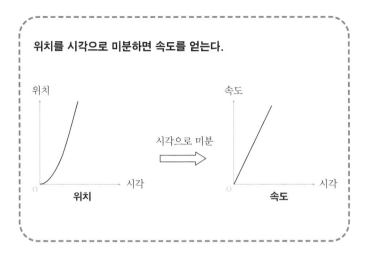

위치를 시각으로 미분하면 속도를 얻는다.

위치

위치

시각으로 미분

속도

속도

시각

시각

나 이번에는 속도를 시각으로 미분해. 그러면 가속도를 얻

을 수 있어.

유리 가속도?

나 그래.

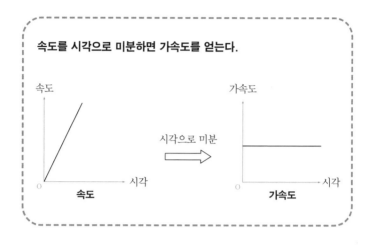

나 '위치'를 미분하면 '속도'를 얻을 수 있고, '속도'를 미분하면 '가속도'를 얻을 수 있어.

유리 음….

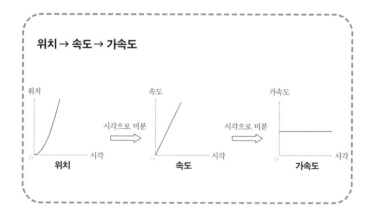

나 가속도는 자동차에 탔을 때 느끼니까 알지?

유리 움직이기 시작할 때 '부웅' 하면서 뒤로 끌어당겨지는
　　그거?

나 그래, 그래. 그건 가속도를 느끼고 있기 때문이야.

유리 멈출 때도 급브레이크가 걸리면 앞으로 꽝!

나 맞아, 그것도 가속도. 에이, 잘 알고 있네.

유리 히히.

나 자 그럼 유리에게 퀴즈를 내볼게. 고속열차는 속도가 굉장
　　히 빠른데 왜 뒤로 끌어당겨지지 않을까?

유리 음…. 그건, 아마, 가속도가 적기 때문에?

나 응, 그것도 정답. '가속도가 적다'보다 '가속도가 작다'고
　　말하는 편이 좋지만.

유리 응.

나 속도와 가속도를 구별하는 것은 아주 중요해. 자동차가 움
　　직이기 시작할 때, 속도는 아직 작지만 가속도는 커. 즉, 단
　　시간에 속도가 커지는 거지.

유리 속도는 작지만… 가속도는 크다.

나 그에 반해 고속열차는 달리고 있는 중의 속도는 매우 크지
　만 움직이기 시작할 때의 가속도는 작아.

유리 그렇구나, 고속열차는 천천히 속도를 높이는구나.

나 정확해!

4-3 느끼는 것은 가속도

나 우리는 속도를 느끼는 게 아니야. 우리가 느끼는 것은 속
　도가 아닌 가속도야.

유리 엥? 속도는 느낄 수 있지 않아? 왜냐하면 자전거에 타면
　바람을 느낄 수 있어. 빠르면 바람의 저항이 크다고.

나 '속도를 느낄 수 없다'는 말은 속도를 직접 느낄 수 없다
　는 의미야. 바람과 같은 것으로 속도를 간접적으로 느끼는
　것은 가능해.

유리 잠깐만. 가속도도 똑같잖아?

나 아니, 아니. 달라. 자동차가 움직이기 시작할 때 뒤로 끌려
　가는 것은 바람의 힘이 아니야.

유리 그렇구나….

나 자동차나 고속열차나 비행기 같은 교통수단에 탔다고 해
보자. 속도가 점점 커져도 속도가 변화하지 않는 한 우리는
어떠한 것도 느낄 수 없어. 속도가 변화할 때, 즉 가속도가
0이 아닐 때, 우리는 느낄 수 있어. 교통수단 안에서 바람을
전혀 맞지 않아도 눈을 감고 밖의 모습을 전혀 보지 않아
도, 속도가 변화하고 있다면 우리는 그것을 느낄 수 있지.
우리가 느끼는 것은 속도가 아니야. 가속도인 거지.

4-4 다항식의 미분

유리 예전에, 오빠가 미분의 계산을 이야기해주지 않았어? 't²
을 t로 미분해서 2t를 얻는다'고 계산도 했고.

나 그랬지.

유리 그 자식한테… 아니 친구한테 이야기하니까 '미분의 미
분'을 알고 있냐고 물어보더라. x^2의 '미분의 미분'은 2라
고.

나 미분의 계산으로 대결한 거야? 중학생끼리?

유리 미분의 계산이란 거 그렇게 빨리 할 수 있어?

나 x^2같이 다항식으로 나타내는 함수라면 금방 미분할 수 있어. 미분의 정의에서 계산하는 것은 복잡하지만, 미분의 계산 방법만이라면 중학생이라도 전혀 어렵지 않아.

유리 음…. 왜 그거 일전에 알려주지 않은 거냐옹!

나 왜냐고 해도 기본은 x^n의 미분이야. x^n을 x로 미분했을 때에는 지수의 n을 계수로 내리고, 지수의 n을 n − 1로 바꾸면 돼. 그러면 함수 x^n을 x로 미분한 함수 nx^{n-1}을 얻을 수 있어.

$$x^n \xrightarrow{\quad x\text{로 미분한다.}\quad} nx^{n-1}$$

유리 아아….

나 근데 테트라에게도 비슷한 이야기를 했었는데….

유리 '귀여운 유리는 중학생인데도 벌써 미분을 하는 거예요?'라고 말했어?

나 그렇게 말했어. '귀여운'이라는 말은 하지 않았지만.

유리 으….

나 어쨌든 x^n의 미분이 가능하다면 다항식에서 나타내는 함수는 금방 미분할 수 있어. 이런 방법으로.

$$1 \xrightarrow{\;x\text{로 미분한다.}\;} 0$$

$$x \xrightarrow{\;x\text{로 미분한다.}\;} 1$$

$$x^2 \xrightarrow{\;x\text{로 미분한다.}\;} 2x^{2-1} \quad = 2x$$

$$x^3 \xrightarrow{\;x\text{로 미분한다.}\;} 3x^{3-1} \quad = 3x^2$$

$$3x^5 \xrightarrow{\;x\text{로 미분한다.}\;} 3 \times 5x^{5-1} = 15x^4$$

$$x^{100} \xrightarrow{\;x\text{로 미분한다.}\;} 100x^{100-1} = 100x^{99}$$

$$t^2 \xrightarrow{\;t\text{로 미분한다.}\;} 2t^{2-1} \quad = 2t$$

나 1과 같은 정수는 미분하면 0이 돼. 그 이외는….

유리 지수를 계수로 옮기고, 지수를 1 줄이고.

나 그렇지, 그렇지. 계산으로만은 그게 전부야.

유리 어떠한 것이라도 이걸로 미분할 수 있어?

나 다항식으로 나타낸 함수라면 가능하지. 다항식의 각 항을 각각 미분하면 돼. '합의 미분은 미분의 합'이 되니까. 예를 들어 $x^2 + 3x + 1$이라는 함수가 있다고 해보자. 이것을 x로 미분해서 얻어지는 도함수는 $2x + 3$이야.

$$x^2 + 3x + 1 \xrightarrow{\text{x로 미분한다.}} 2x + 3$$

$$x^2 \xrightarrow{\text{x로 미분한다.}} 2x$$

$$3x \xrightarrow{\text{x로 미분한다.}} 3$$

$$1 \xrightarrow{\text{x로 미분한다.}} 0$$

유리 이게 다야?

나 응, 이게 다야.

유리 도함수는 뭔데?

나 도함수라는 것은 원래의 함수를 미분해서 얻어진 함수를 말해.

유리 $2x + 3$이 도함수야?

나 그렇지. $2x + 3$은 $x^2 + 3x + 1$의 도함수지…. 그런데, 지금 얘기했던 대로 다항식으로 나타낸 함수의 미분은 간단해. 그러니까, 무언가의 변화를 수식, 특히 다항식으로 나타낼 수 있다면 그건 정말 대단한 거야.

유리 뭐가 대단한 건지 모르겠어.

나 왜냐하면, '지수를 계수로 내리고 지수를 1 줄인다'는 계산만으로 변화를 파악하는 것이 가능하니까. 예를 들어 시각 t에서의 점의 위치를 $f(t) = t^2 + 3t + 1$처럼 다항식의 함수로 나타낼 수 있다고 한다면 말이야.

유리 왜?

나 예를 들어 이런 거야. t는 시각이니까 $f(t) = t^2 + 3t + 1$로 나타낼 수 있어, 시각 t를 알면 위치가 $t^2 + 3t + 1$로 계산이 가능하다는 말이 되는 거야.

유리 언제, 어디에 있는지?

나 그렇지. 그렇다면 위치를 나타내는 함수 $f(x)$를 t로 미분하면 속도를 나타내는 함수를 간단하게 계산할 수 있어. $f(x)$의 도함수는 보통 $f'(x)$처럼 쓰니까 $f'(x) = 2t + 3$으로 쓸 수 있지.

$$f(t) = t^2 + 3t + 1 \xrightarrow{\text{t로 미분한다.}} f'(t) = 2t + 3$$

유리 ….

나 그리고 속도를 나타내는 함수 $f'(t)$를 t로 미분하면 가속도를 나타내는 함수를 얻을 수 있어. 미분의 방법도 아까

랑 똑같아.

유리 2t + 3을 t로 미분해서 2가 돼.

나 그렇지. 가속도를 나타내는 함수는 f''(t) = 2야. 시각 t가
변화해도 가속도는 2인 그대로니까, 이 경우는 가속도가
변화하지 않는 것을 알 수 있어.

$$f'(t) = 2t + 3 \xrightarrow{\text{t로 미분한다.}} f''(t) = 2$$

유리 위치를 미분해서 속도, 속도를 미분해서 가속도….

나 여기서 한번 물리학자가 되어볼까? 뉴턴은 알고 있지?

유리 알고 있지. 사과로 만유인력을 발견한 사람.

나 그건 엄청난 요약인데. 사과가 떨어져서 만유인력을 생각
했다는 에피소드가 있긴 하지만 실제인지 어쩐지는 모르
니까. 어쨌든, 뉴턴의 운동방정식을 사용하면 '가속도가 생
길 때에 힘이 든다'고 말할 수 있어.

유리 힘?

나 운동방정식에서는

$$\text{힘 = 질량} \times \text{가속도}$$

가 돼. 힘은 가속도에 비례하지.

유리 잘 모르겠어.

나 즉, 이런 말이야. 질량을 갖고 있는 점, 물리학에서는 이를 질점(質點, material point)이라고 하는데, 그 질점의 위치를 시각 단위로 기록해 두고 있었다고 해보자. 그 질점의 위치를 시각으로 두 번 미분하면 가속도를 얻을 수 있어. 그러면, 가속도를 기준으로 그 질점에 어떠한 큰 힘이 작용했는지를 알 수 있지. 각 시각별로 작용한 힘을 알 수 있어.

유리 오오.

나 힘에는 다양한 종류가 있어. 예를 들어 지구가 아래로 끌어당기는 중력. 자석이 끌어당기는 자력. 마찰력⋯ 다양한 힘이 있는데, 전부 눈에는 보이지 않아.

유리 힘이 보인다면 좋을 텐데 오빠야.

나 질점에 '어떠한 힘이 작용하고 있는지'는 눈에 보이지 않아. 그렇지만 움직이고 있는 질점이 시각별로 '어떠한 위치에 있는지'는 눈에 보이고 기록할 수 있어. 위치를 시각으로 두 번 미분하면 가속도를 얻을 수 있어. 그리고 가속도에서 힘을 계산할 수 있지. 눈에 보이는 '위치'에서 눈에 보이지 않는 '힘'을 구할 수 있다는 의미야. '미분'이라는 계산은 이렇게 중요한 역할을 해내고 있어.

유리 오오, 꽤 하는데.

나 이쯤에서 물리학자 흉내는 멈추고, 음, 유리야, 'x^n을 x
로 미분하면 nx^{n-1}이 된다'는 점을 사용하면 어떤 문제
도 풀 수 있어.

●●● **문제 1**

n을 1 이상의 정수라고 한다.

x의 함수 x^n을 x로 n번 미분하면 어떻게 될까?

유리 오빠야는 문자를 좋아하는구나! n번을 미분하는 거야?

나 n이 나온다면….

유리 ?

나 n이 나오면 먼저 작은 숫자로 생각해보자.

유리 아. n = 1일 때와 같이?

나 그렇지.

유리 간단하네. 1이잖아?

나 응, 그렇지.

$$x^1 \xrightarrow{\quad x로\ 미분한다.\quad} 1$$

유리 다음은 n = 2네.

유리 아까 했어. x^2을 미분해서 $2x^1$이고 이걸 또 미분하면 2 잖아.

$$x^2 \xrightarrow{\;x로\ 미분한다.\;} 2x^1$$

$$2x^1 \xrightarrow{\;x로\ 미분한다.\;} 2 \times 1 = 2$$

나 그렇지. 잘 알고 있네. 다음은 n = 3.

n = 3일 때

x의 함수 x^3을 x로 3번 미분하면 어떻게 되는가?

유리 아까랑 비슷한 느낌이니까, 이번에는 3이지?

나 귀찮아하지 말고 해보자.

유리 네에.

$$x^3 \xrightarrow{\;x로\ 미분한다.\;} 3x^2$$

$$3x^2 \xrightarrow{\;x로\ 미분한다.\;} 3 \times 2x^1$$

$$3 \times 2x^1 \xrightarrow{\;x로\ 미분한다.\;} 3 \times 2 \times 1 = 6$$

나 어때?

유리 6이 되었어! 3이 아니네!

나 다음은 n = 4.

---

n = 4일 때

x의 함수 x^4을 x로 4번 미분하면 어떻게 되는가?

---

x^4 $\xrightarrow{\;x\text{로 미분한다.}\;}$ $4x^3$

$4x^3$ $\xrightarrow{\;x\text{로 미분한다.}\;}$ $4 \times 3x^2$

$4 \times 3x^2$ $\xrightarrow{\;x\text{로 미분한다.}\;}$ $4 \times 3 \times 2x^1$

$4 \times 3 \times 2x^1$ $\xrightarrow{\;x\text{로 미분한다.}\;}$ $4 \times 3 \times 2 \times 1 = 24$

유리 알겠다. 24가 되었어.

나 이제 규칙성을 알겠어?

유리 x^n을 x로 n번 미분하면 x가 없어지고 숫자가 되네.

$$x^1 \xrightarrow{\;x\text{로 }\boxed{1\text{번}}\text{ 미분한다.}\;} 1$$

$$x^2 \xrightarrow{\;x\text{로 }\boxed{2\text{번}}\text{ 미분한다.}\;} 2 \times 1 = 2$$

$$x^3 \xrightarrow{\;x\text{로 }\boxed{3\text{번}}\text{ 미분한다.}\;} 3 \times 2 \times 1 = 6$$

$$x^4 \xrightarrow{\;x\text{로 }\boxed{4\text{번}}\text{ 미분한다.}\;} 4 \times 3 \times 2 \times 1 = 24$$

$$\vdots$$

나 그렇지. 어떤 수가 될까?

유리 n에서 1씩 줄어든 수를 전부 곱한 수.

나 그게 이름이 있는데….

유리 응, *계승!* n의 계승이 된다!

나 네, 정답입니다!

해답 1

n을 1 이상의 정수라고 한다.

x의 함수 x^n을 x로 n번 미분하면 n의 계승($n!$)이 된다.

$$x^n \xrightarrow{\;x\text{로 }\boxed{n\text{번}}\text{ 미분한다.}\;} n \times (n+1) \times (n+2) \times \cdots \times 2 \times 1 = n!$$

유리 재미있다! 오빠야. n번 미분하면 그래프는 평평해지지. x가 없어지니까.

나 다항식으로 나타내는 함수의 경우에는 그렇지. x와 상관없이 정수가 되니까, 그래프는 수평이 돼.

- 1차 함수라면, 1번 미분하면 정수가 된다.
- 2차 함수라면, 2번 미분하면 정수가 된다.
- 3차 함수라면, 3번 미분하면 정수가 된다.
- …
- n차 함수라면, n번 미분하면 정수가 된다.

유리 지금, 왜 '다항식으로 나타내는 함수의 경우에는'이라는 조건을 붙이는 거야?

나 몇 번 미분해도 정수가 되지 않는 함수가 있기 때문이지.

유리 엥? 그럴 리가 없는데.

나 딱 잘라 말하는데, 유리. 왜 '그럴 리가 없다'고 말할 수 있어?

유리 왜냐하면, 그렇잖냐옹. x^n을 x로 미분하면 nx^{n-1}이 되잖아? 미분할 때마다 지수 부분이 작아지니까, 언젠가는 정수가 되잖아.

나 그러니까, 다항식으로 나타내는 함수라는 조건을 붙이는 거야.

유리 아….

나 다항식으로 나타내는 함수라면, 몇 번 미분하면 정수가 되
　　잖아. 그건 유리가 말한 그대로야. 하지만 다항식으로 나타
　　낼 수 없는 함수가 있다는 거지.

유리 음….

나 예를 들어 삼각함수를 들 수 있어.

유리 사인이라든지 코사인이라든지?

나 그렇지. 얼마 전에 같이 생각했지?(《수학 소녀의 비밀노트-등
　　근맛 삼각함수》참조) 예를 들어 $\sin x$라는 삼각함수는 x로 몇
　　번이라도 미분할 수 있지만 결코 정수가 되진 않아. $y = \sin x$
　　의 그래프는 이렇게 그려.

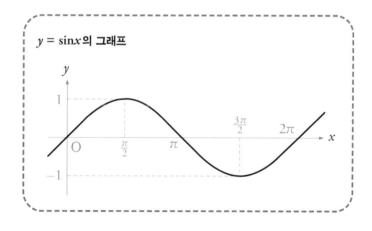

$y = \sin x$의 그래프

유리 π(파이)라는 원주율이 왜 나오는 거야?

나 아, 유리는 라디안을 모르나?

유리 라디안?

4-6 라디안

나 라디안의 각도는 간단해. 삼각함수를 사용할 때 각도의 단
　위에 라디안을 사용하면 편리하지.

유리 각도의 단위는 도가 아닌가? 180° 라든지, 360° 라든지.

나 응, '도'도 각도의 단위야. '라디안'도 각도의 단위. 180°는
　π라디안에 해당해.

유리 파이 라디안?

나 응. 180°는 3.14159265… 라디안이라고 하지.

$$180° = \pi 라디안$$

유리 오….

나 180°의 2배가 360° 잖아. 그러니까, 360°는 π라디안을 2배
　한 2π라디안과 같아.

$$360° = 2\pi\text{라디안}$$

유리 그런데 3.14…와 같은 각도는 사용하기 어려워 보여.

나 보통은 3.14…라디안과 같은 원주율의 숫자를 그대로 사용하는 경우는 드물고, π나 2π와 같이 π라는 문자를 사용해서 나타내니까.

유리 예를 들어 90°는 몇 라디안이라고 해?

나 180°가 π라디안이면, 90°는 몇 라디안이라고 생각해?

유리 절반.

나 응, 맞아 180°가 π라디안이니 90°는 $\frac{\pi}{2}$라디안이지.

유리 우와, 분수를 사용하는 거구나.

나 그렇지. 같은 방식으로 60°는 $\frac{\pi}{3}$라디안.

유리 아… 귀찮아.

나 아니야. 금방 익숙해져. 예를 들어 정삼각형의 내각은 60°지만 $\frac{\pi}{3}$라디안이라고 해도 전혀 이상하지 않아.

유리 그렇구나….

나 반경이 1인 원에서 호를 생각하면, 중심각을 라디안으로 나타낼 때의 값이 호의 길이와 같아지지.

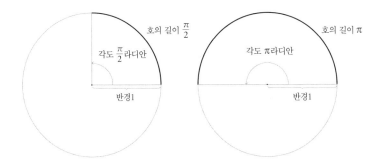

유리 오호.

나 한 번 빙글 돌면 360°인 것은 바빌로니아 사람들이 1년을
360일이라고 생각했던 것과 관련 있을지도 몰라.

유리 으음….

나 그리고, 360이라는 숫자에는 많은 약속이 있어서 편리해.

유리 많은 약속?

나 응. 그중 하나는 360은 다양한 수로 나누어떨어질 수 있다
는 점이야. 360은 1이라도, 2라도, 3이라도 나누어떨어지
지. 게다가 한 바퀴 도는 것을 360°라고 하는 것은 인간의
생활에도 편리해.

유리 그렇구나.

나 라디안은 원의 호의 길이에 따라 정해지기 때문에, 원을
기준으로 정의한거야. 1년의 날짜 수를 기준으로 한 것이

아니고.

유리 음…. 그렇구나.

나 어쨌든 이것이 라디안. 각도의 단위야. 그리고 x가 0에서 2π라디안까지 움직일 때 $y = \sin x$의 그래프는 하나의 파동으로 그려져. 1주기로 말이야.

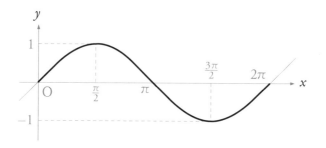

sin$x$ 의 1주기

4-7 사인의 미분

나 그런데 '함수 $\sin x$를 x로 미분하면 어떻게 될까'라는 이야기인데 말이야.

유리 $\sin x$라면 x를 끌어내릴 수 없잖아…. 어려운 이야기야?

나 아니, 어렵지는 않아. 먼저 x가 0에서 $\frac{\pi}{2}$까지 변화할 때의 '평균 변화율'을 생각해보자. 식으로 쓰면 이렇지.

---

x가 0에서 $\frac{\pi}{2}$까지 변화할 때,
$\sin x$의 평균 변화율을 구한다.

$$\langle\!\langle \text{평균 변화율} \rangle\!\rangle = \frac{\langle\!\langle \sin x\text{의 변화} \rangle\!\rangle}{\langle\!\langle x\text{의 변화} \rangle\!\rangle}$$

$$= \frac{\sin\frac{\pi}{2} - \sin 0}{\frac{\pi}{2} - 0}$$

$$= \frac{1 - 0}{\frac{\pi}{2} - 0}$$

$$= \frac{1}{\frac{\pi}{2}}$$

$$= \frac{2}{\pi}$$

$$= \frac{2}{3.14159\cdots}$$

$$= 0.6366\cdots$$

유리 $0.6366\cdots$이 되었어.

나 이 '평균 변화율'의 의미를 그래프로 생각해보면, 이러한 '직선의 기울기'에 해당하는 것을 알 수 있어. x가 $\frac{\pi}{2}$ 늘어나면 $\sin x$는 1 늘어나기 때문이지.

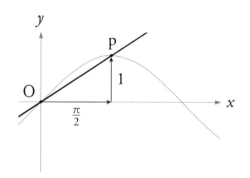

x가 $\frac{\pi}{2}$ 늘어나면, $\sin x$는 1 늘어난다.

유리 응. 이 점 P는 뭐야?

나 지금부터 x의 변화를 끝없이 0에 가깝게 만들고 싶어. 그때에 '평균 변화율' 즉 '직선의 기울기'가 뭐에 가까워지는지 생각하는 거야. 이 점 P는 점점 점 O에 가까워지지.

유리 오호.

나 다항식으로 나타내는 함수에서도, 삼각함수에서도, 함수를 미분하는 방법은 언제나 같아. 평균 변화율을 생각하고,

거기서 순간의 변화율을 구하는 거야. 원래 순간의 변화율이라고 하면 시각으로 미분하는 인상이 강하긴 하지만.

유리 그렇지만 속도는 알기 쉬웠어.

나 x의 변화를 끝없이 0에 가깝게 하면 점 O와 점 P를 연결하는 직선은 '그래프 $y = \sin x$의 점 O에서의 접선'에 가까워지는 것을 알 수 있어.

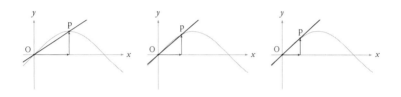

그래프 $y = \sin x$의 점 O에서의 접선에 가까워진다.

나 다양한 x의 값에 대해서 접선의 기울기를 알아보자.

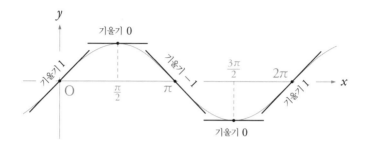

그래프 $y = \sin x$의 접선의 기울기를 알아본다.

유리 오호호, 뭔가 눈이 뒤덮인 산에서 스키를 타고 있는 것
처럼 보여.

나 응, 정말 그러네. 그래프의 '접선의 기울기'가 무엇을 나타
내고 있는지를 생각해보면 돼. 접선의 기울기라는 것은 그
래프가 지금부터 위로 가려고 하는지, 아래로 가려고 하는
지를 나타내고 있으니까.

유리 응응, 섭선의 기울기가 0이라면 거의 변화기 없고.

나 그렇지. 그리고 $\sin x$는 x의 함수이지만 접선의 기울기도 x
의 함수야.

유리 접선의 기울기도 x의 함수?

나 그렇지. $y = \sin x$의 그래프에서 x의 값을 1개 정한다면 접선의 기울기도 1개 정해지잖아. 그것이 x의 함수라는 거지. 그리고 그 '$y = \sin x$의 접선의 기울기를 나타내는 함수'가 '$\sin x$를 x로 미분해서 얻어지는 함수'가 되는 거야.

유리 으음…. 모르겠어. 구체적으로 그 '$\sin x$를 x로 미분해서 얻어지는 함수'라는 것은 뭐야?

나 그래프를 보면서 증감표를 써보자.

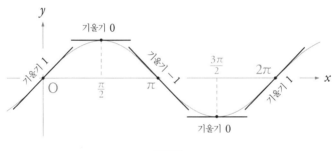

그래프

x	0	$\cdots$	$\frac{\pi}{2}$	$\cdots$	π	$\cdots$	$\frac{3\pi}{2}$	$\cdots$	2π
$\sin x$	0	$\nearrow$	1	$\searrow$	0	$\searrow$	-1	$\nearrow$	0
접선의 기울기	1	$\searrow$	0	$\searrow$	-1	$\nearrow$	0	$\nearrow$	1

증감표

나 이 증감표라면 함수 'sin$x$를 x로 미분했을 때의 도함수의 그래프'의 형태가 보여.

유리 그렇구나.

나 아니, '그렇구나'가 아니고 어떠한 형태를 하고 있는지 유리는 알겠지?

유리 아, 유리가 그리는 거야? 음. 0일 때 1이고, 그리고 쭉 내려가서 0이 되었고, 또 내려가서 −1이고, 다시 돌아와서 0⋯. 엥?

나 알겠어?

유리 있잖아, 오빠야. 이거 V자 같은데. 내려가고 올라가고. 이런 느낌?

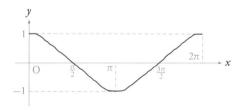

sin$x$를 x로 미분한 함수의 그래프는 이런 느낌(?)

나 응, 그렇지. 나쁘지 않아.

유리 있잖아⋯. 뭔가 sin$x$와 '접선의 기울기'가 닮은 거 같아. 1

과 −1 사이를 올라가거나 내려가거나 하고 있으니까.

나 그렇지! 0부터 2π까지 만이 아니고 더 길게 그려보자. 반복해서.

유리 똑같이 반복하면 V자가 W자가 될 뿐이야.

나 아니, 그러니까 그려보라고. 대충 형태만 그려도 좋으니까.

유리 으으….

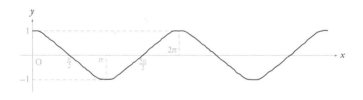

$\sin x$를 x로 미분한 함수의 그래프는 이런 느낌(?)

나 발견했어?

유리 뭐를?

나 무언가를.

유리 역시 W자. 똑같이 반복. 우와. 파장, 아 혹시 이거 사인커브가 되는 거야?

나 오! 대단한데!

유리 음…. 맞아? 사인커브의 그래프를 미분하면 사인커브의 그래프가 되는 거야?

나 그래, 형태는 좋아! 그렇지만 잘 보면 왼쪽에서 어긋나 있
지? 왜냐하면 $y = \sin x$의 그래프는 원점부터 시작해서 $\sin 0$
$= 0$이니까. 그렇지만 유리가 지금 그린 곡선은 파장 1에서
시작하고 있기 때문에 어긋나 있는 거야.

유리 아, 그렇구나.

나 사실은 $y = \sin x$를 왼쪽으로 $\frac{\pi}{2}$만큼 움직인 그래프는 $y =$
$\cos x$의 그래프야. 같이 그려볼게.

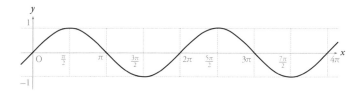

$y = \sin x$의 그래프

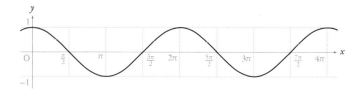

$y = \cos x$의 그래프

166

유리 이게 코사인 그래프야? 사인과 코사인은 같은 그래프
　　가 되는 거야?

나 형태는 같지만 $\frac{\pi}{2}$ 만큼 움직인 형태가 돼. $y = \sin x$ 의 그래
　　프를 왼쪽으로 $\frac{\pi}{2}$ 만큼 움직이면 $y = \cos x$ 의 그래프가 되지.

유리 으흠….

나 '함수 $\sin x$ 를 x 로 미분하면 함수 $\cos x$ 가 돼.'

유리 사인을 미분하면… 코사인이 된다.

$$\sin x \xrightarrow{\;\;x\text{로 미분한다.}\;\;} \cos x$$

나 그렇지. '사인을 미분하면 코사인이 된다'는 표현은 다양
　　한 내용을 생략하고 있으니까 표현에 보충을 해야 해. '사
　　인'이라는 것은 'x의 함수 $\sin x$'이고, '미분한다'는 것은 'x
　　로 미분한다'고 말해야 하고….

유리 아, 네네. 오빠야 설명은 지겨워.

나 윽!

유리 그것보다 아까 오빠야가 말했던 '몇 번 미분해도 정수가
　　되지 않는다'는 거, 유리는 알 것 같아!

나 진짜?

유리 사인을 미분해서 코사인이 되어도 그래프는 평평해지지 않아.

나 응응, 좋아.

유리 옆으로 움직였을 뿐이니까 평평해지지 않는 거야. 그리고 코사인을 미분하면 사인으로 돌아가잖아? 그럼 무수히 미분할 수 있어!

나 유리야 대단한데! 잘도 알아차렸네. 오빠는 삼각함수의 미분을 처음 책으로 읽었을 때 그런 거 몰랐었는데. 단지….

유리 단지, 뭐?

나 단지 코사인을 미분해도 사인으로는 돌아가지 않아. 함수 $\cos x$를 x로 미분하면 $-\sin x$가 되지.

$$\cos x \xrightarrow{\ x\text{로 미분한다.}\ } -\sin x$$

유리 음, 그래?

나 $\sin x$와 $\cos x$와 $-\sin x$의 그래프를 그려보자. 미분할 때마다 왼쪽으로 $\frac{\pi}{2}$씩 파장이 움직이는 것처럼 보이는 것을 알겠지?

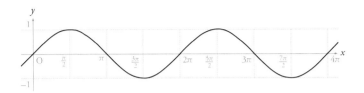

$y = \sin x$ 의 그래프

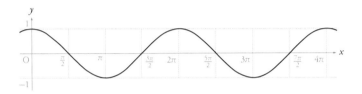

$y = \cos x$ 의 그래프

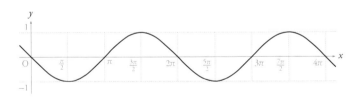

$y = -\sin x$의 그래프

유리 진짜네! 왼쪽에서 어긋나 있어.

나 $y = \cos x$의 그래프를 잘 보고 증감표를 만들면 $-\sin x$가 되는 모습을 금방 알 수 있어. 증감표는 아래와 같아.

x	0	$\cdots$	$\frac{\pi}{2}$	$\cdots$	π	$\cdots$	$\frac{3\pi}{2}$	$\cdots$	2π
$\cos x$	1	↘	0	↘	-1	↗	0	↗	1
접선의 기울기	0	↘	-1	↗	0	↗	1	↘	0

증감표

나 그리고 $-\sin x$를 x로 미분하면 $-\cos x$가 돼. 그리고 또 $-\cos x$를 x로 미분하면 $\sin x$가 돼. 이것으로 1번 왕복. 네 번 미분하면 원래대로 돌아와.

$$\sin x \xrightarrow{\;x\text{로 미분한다.}\;} \cos x$$

$$\cos x \xrightarrow{\;x\text{로 미분한다.}\;} -\sin x$$

$$-\sin x \xrightarrow{\;x\text{로 미분한다.}\;} -\cos x$$

$$-\cos x \xrightarrow{\;x\text{로 미분한다.}\;} \sin x$$

유리 4번 미분해서 돌아온다고?

나 그렇지. $\sin x$를 x로 미분하면 네 번째에 $\sin x$로 돌아와.

그건 그래프를 통해서도 알 수 있어. $y = \sin x$의 그래프를 '$\frac{\pi}{2}$씩 왼쪽으로 움직이는 것'을 네 번 반복하면 $\frac{\pi}{2} \times 4 = 2\pi$ 만큼 왼쪽으로 움직이는 것이 돼. 이건 $\sin x$의 파장 1개씩을, 즉 1주기가 되니까 $\sin x$의 그래프로 돌아오지. 파장은 무수하게 이어져 있으니까 몇 번 미분하더라도 $\sin x$, $\cos x$, $-\sin x$, $-\cos x$를 빙글빙글 반복할 뿐이야. 그래프는 수평이 되지 않아.

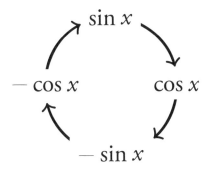

4번 미분하면 원래대로 돌아온다.

유리 재미있다!

나 그럼, 여기서 물리학자의 흉내를 내보자.

유리 아까 흉내 내지 않았나?

나 질점이 직선상을 움직이고 있고 시각 t일 때의 위치를 함수 sint로 나타낸다고 하자. 이때 가속도는 어떻게 될 것 같아?

유리 위치를 미분해서 속도가 되고, 다시 미분해서 가속도가 되는 거 아니야?

나 그렇지, 그렇지. 그러니까 sint를 t로 2번 미분해.

유리 sint를 미분하면 cost이고, 다시 미분하면 −sint.

나 아까 뉴턴의 운동방정식에서 가속도가 생길 때 힘이 든다는 이야기를 했었지?(146쪽) 질량을 1이라고 하면 '가속도 그래프'는 '힘의 그래프'라고 봐도 되는 거야.

유리 힘의 그래프?

나 응. 위치는 함수 sint이고 가속도는 함수 −sint니까, 그래프의 시각을 모아서 세로로 배열해보자. 그럼 '질점이 어떤 위치에 있을 때 어떤 힘이 가해지는지'를 알 수 있어.

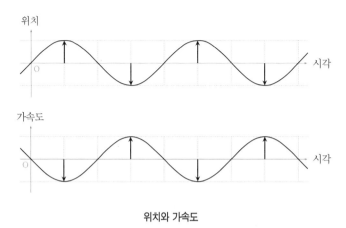

위치와 가속도

유리 ….

나 이런 식으로 위치와 힘이 정반대가 돼.

유리 잘 모르겠어.

나 뭐를 모르겠어?

유리 위치랑 힘이 정반대?

나 그렇지. 예를 들어 위치가 최대치 1을 취할 때 힘은 최소치 −1을 취해. 반대방향으로 최대라는 것이지.

유리 위치가 가장 클 때 힘이 가장 작다는 게 이상하지 않아?

나 아니, 이상하지 않아. 위치가 가장 클 때 반대방향에서 최대의 힘이 드는 것은 전혀 이상하지 않아. 힘이 질점을 끌어당기면서 '이쪽으로 오지 마!'라고 말하고 있는 거니까.

유리 아, 그런 거야…?

나 반대로 위치가 가장 작을 때 역시 질점을 반대방향으로 끌어당기고 있어. '이쪽으로 오지 마!'라고 하면서. 그런 식으로 반대 방향으로 힘이 들기 때문에 왔다 갔다 하는 왕복 운동이 되는 거야.

유리 ….

나 그래프라면 위치가 0일 때의 힘이 어떤 모습일지 알겠어?

유리 위치가 0일 때, 힘은 0이잖아.

나 그렇지! 왔다 갔다 하고 있는 질점이 딱 왕복의 중심에 있을 때는 힘이 들지 않아. 방치해둔 상태지.

유리 ….

나 그런 식으로 시각 t의 질점의 위치가 sint로 나타나는 움직임일 때는 시각 t의 힘이 $-\sin t$가 돼. 질량이 1인 경우지만.

유리 있잖아, 오빠야. 뭔가 어려워졌어. 그리고 그런 복잡한 힘을 들이는 건 어렵지 않을까? 왜냐하면 힘의 크기를 자주 바꾸는 것이 되는 거잖아?

나 힘의 크기와 방향도 함께.

유리 아, 알겠어. 방향도 같이.

나 그렇지만 유리야. 이런 왕복운동을 하는 것은 쉽게 발견할 수 있어. 예를 들어 진자도 있고. 직선상의 운동은 아니지만.

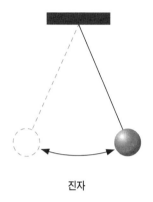

진자

유리 정말, 왔다 갔다 하네.

나 그리고, 용수철에 추를 단 것도 그렇지.

유리 피융…, 피융…, 이렇게?

나 그렇지, 그렇지. 용수철이 가장 많이 늘어났을 때 반대방향으로 최대의 힘이 들어. 이것은 끌어당기는 힘이지. 그리고 용수철이 가장 많이 줄어들었을 때 반대 방향으로 최대의 힘이 들어. 이것은 누르는 힘이야. 그리고 용수철이 늘어나지도 줄어들지도 않을 때는 힘이 0이야.

유리 아….

나 이러한 움직임을 단진동이라고 해. 진자도 용수철의 진동도 단진동. 모두 sin이나 cos의 삼각함수와 미분을 사용해서 다양한 연구를 할 수 있어.

유리 ….

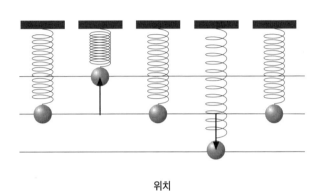

위치

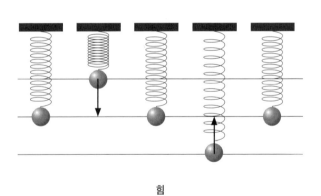

힘

나 물리학, 특히 역학에서는 물건의 위치가 어떻게 변화하는
지를 연구하고 싶어 해. 그리고 미분이라는 것의 변화를 파
악할 수 있는 훌륭한 도구이기도 하지.

유리 그렇구나!

제4장의 문제

●●● **문제 4-1 (360의 약수)**

157쪽에 360에는 다양한 양의 약수가 있다는 이야기가
나왔다. 360의 양의 약수를 모두 구하시오.

(360의 양의 약수란, 360이 나누어떨어지는 1 이상의 정
수를 말한다.)

(해답은 263쪽에)

●●● **문제 4-2 (다항식으로 나타낼 수 있는 함수의 미분)**

이하의 함수를 x로 2번 미분하시오.

① $3x^2 + 4x + 3$

② $2x^3 - x^2 - 3x - 5$

③ $\dfrac{1}{0!} + \dfrac{x^1}{1!} + \dfrac{x^2}{2!} + \dfrac{x^3}{3!} + \dfrac{x^4}{4!} + \cdots + \dfrac{x^{100}}{100!}$

($n! = n(n-1) \cdots 2 \cdot 1$이라고 하고, $0! = 1$이라고 정의한
다.)

(해답은 266쪽에)

그래프를 떠올리며 증감표의 빈칸을 채우시오.

x	0	$\cdots$	$\frac{\pi}{2}$	$\cdots$	π	$\cdots$	$\frac{3\pi}{2}$	$\cdots$	2π
$\sin x$	0	↗	1	↘	0				
$\cos x$									
$-\sin x$									
$-\cos x$									

(해답은 268쪽에)

제5장

나눗셈과 곱셈의 대결

"함수의 변화를 파악하기 위해 미분을 한다면."

여기는 고등학교의 도서실. 지금은 방과 후.

언제나처럼 나는 수학 공부를 하고 있는데 테트라가 옆으로

다가왔다.

테트라 선배님… 이 카드의 의미, 알겠어요?

나 어?

무라키 선생님의 카드

$$\left(\frac{n+1}{n}\right)^n \qquad (n = 1,\ 2,\ 3,\cdots)$$

테트라 있잖아요, 저, 이 카드를 무라키 선생님께 받고 나서 혼

자 생각해봤어요.

나 …응. 어떤 식으로?

테트라 'n이 나오면 먼저 작은 수로 생각해보는 방법'으로요!

$$n = 1일 \text{ 때} \quad \left(\frac{1+1}{1}\right)^1 = \frac{2^1}{1^1} = \frac{2}{1} = 2$$

$$n = 2일 \text{ 때} \quad \left(\frac{2+1}{2}\right)^2 = \frac{3^2}{2^2} = \frac{9}{4} = 2.25$$

$$n = 3일 \text{ 때} \quad \left(\frac{3+1}{3}\right)^3 = \frac{4^3}{3^3} = \frac{64}{27} = 2.37037037\cdots$$

$$n = 4일 \text{ 때} \quad \left(\frac{4+1}{4}\right)^4 = \frac{5^4}{4^4} = \frac{625}{256} = 2.44140625$$

나 구체적으로 계산했네. 좋아, 좋아.

테트라 네! 그렇지만 선배님, 이것만으로는 'so what?(그래서?)'이에요. 무언가 더 이렇게, 무엇인가, 재미있는 부분을 발견할 수 없을까요?

나 테트라는 계산하면서 아무것도 생각하지 못했어?

테트라 음… 조금은요. 그렇지만 대단한 건 아니라서.

나 예를 들어 어떤 거?

테트라 나눗셈과 곱셈의 대결! 이런 엉뚱한 것을 생각했어요.

나 엥?

테트라 괄호 안의 분수 $\frac{n+1}{n}$ 은 분모가 n이고 분자가 n +1이잖아요. 분자가 더 커지고 있어요.

나 응, 그렇지.

테트라 그러니까 이 분수는 반드시 1보다 커져요.

$$\frac{n+1}{n} > 1$$

나 n > 0이라면 정말 그러네.

테트라 $\frac{n+1}{n}$ 이 1보다 큰 것은 확실한데, 1보다 훨씬 더 커지는 것이 아닌지 생각했어요. 예를 들어 n = 10이라면 $\frac{11}{10} = 1.1$ 이고, n = 100이라면 $\frac{101}{100} = 1.01$ 이니까요.

나 그렇지, 좋아, 좋아.

테트라 그렇지만 n이 커질수록 n제곱일 때의 효과는 높아지잖아요. n = 100이라면 100제곱이니까!

나 그렇지, 테트라.

테트라 그러니까, 저, 이 식 $\left(\frac{n+1}{n}\right)^n$ 은 대결 같다고 생각했어요. n을 크게 할 때, 괄호 안의 분수 즉, 나눗셈의 결과는 1에 가까워져요. $\frac{n+1}{n}$ 이 1에 가까워질수록 $\left(\frac{n+1}{n}\right)^n$ 은 커지기 어려워요. 하지만, n을 크게 했을 때 $\left(\frac{n+1}{n}\right)^n$ 은 엄청난 횟수의 곱셈이 되요. 그래서 이걸 보면, 자! 과연 이 '나눗셈과 곱셈의 대결'은 어느 쪽이 이길 것인가? 같은 느낌이 들어서….

나 테트라의 그 발상은 대단하다고 생각해. 정말 재미있는 문제인데!

테트라 그, 그래요? 그렇지만 그 대결에서 어느 쪽이 이길지에 대해서는 알지 못했어요….

5-2 식의 변형

나 사실을 말하면 n을 크게 했을 때에 이 수식 $\left(\frac{n+1}{n}\right)^n$이 어떻게 되는지 알고 있어.

테트라 헉! 정말이에요?

나 응, $\left(\frac{n+1}{n}\right)^n$은 엄청 유명한 식이니까, 수학을 잘하는 고등학생이라면 누구나 알거라 생각해.

테트라 그렇군요. 저는, 몰랐어요…. 저기, 선배님. 그런 건 수학에 대해 센스가 있어야 하는 건가요?

나 아니, 아니. 그건 아니야. 수학의 센스라든지 그런 게 아니야. 단지 이 식의 형태를 알고 있는지에 대한 이야기지. 나도 식을 몰랐다면 알지 못했을 거야.

테트라 네….

나 테트라는 'n을 크게 했을 때'의 이야기를 했는데, 그건 수학의 센스 중 하나라고 생각해.

테트라 그래요?

나 n을 엄청 크게 했을 때 n을 사용한 식의 값이 어떻게 되
는지, 그건 수학에서 배우는 극한이야. n을 끝없이 크게 만
들어 갈 때에 $\left(\dfrac{n+1}{n}\right)^n$이 어떻게 되는지는 이런 식으로 나
타낼 수 있어.

$$\lim_{n \to \infty} \left(\frac{n+1}{n}\right)^n$$

테트라 극한….

나 테트라는 $\dfrac{n+1}{n}$을 'n+1 나누기 n'이라고 봤는데 이런 식
으로 변형해볼게.

$$\frac{n+1}{n} = 1 + \frac{1}{n}$$

테트라 네.

나 $1 + \dfrac{1}{n}$은 '1에 작은 수를 더한 식'으로 보이잖아.

테트라 보여요, 보여요! 근데 $\dfrac{1}{n}$은 n이 커지면 커질수록 작아
져요!

나 그렇지. n을 1, 2, 3…처럼 크게 만들어 가면, $\dfrac{1}{n}$은 $\dfrac{1}{1}$, $\dfrac{1}{2}$,

$\frac{1}{3}, \cdots$로 0에 가까워져. 그러니까 $1 + \frac{1}{n}$의 값은 'n이 커질수록 1에 가까워진다'는 것을 알 수 있어.

테트라 재미있네요.

나 간단한 식 변형으로 보이는 내용이 새롭게 변하곤 해.

테트라 선배, 이상해요. 전 언제나 $\left(\frac{n+1}{n}\right)^n$ 같은 식을 보면 '복잡한 식'이라고 생각했는데, 이 식은 그렇게 복잡하게 보이지 않아요.

나 그건, 테트라가 식의 형태를 확실하게 관찰하고 있기 때문인 거 같은데.

테트라 무슨 말씀이신지…?

나 테트라는 스스로 구체적인 계산도 했고, 1보다 크다라든지, n제곱을 한다든지 다양하게 생각했잖아. 그렇게 시간을 들여 수식을 파고들면 점점 익숙해져서 식의 형태가 잘 보이게 돼. 그러면 복잡한 식으로 보이지 않게 되는 거지.

테트라 선배님은 언제나 수식을 쓰고 있네요.

나 수식을 사용하는 걸 좋아하니까. 다양한 형태로 변형해보고, 스스로 공식을 끌어내보고, 읽기 쉬운 방법으로 생각해보곤 해. 수업에서 수식을 봤을 때도 '예전에 써봤던 수식이랑 비슷한데'라든지 '이런 형태를 하면 의미를 잘 알겠다'고 생각할 때도 있고.

테트라 식 $\left(\dfrac{n+1}{n}\right)^n$의 괄호 안은 '1보다 $\dfrac{1}{n}$만큼 큰 수'이고, 전체 식은 n제곱의 형태예요.

나 그렇지.

5-3 복리계산

나 그런데, 테트라는 복리계산에 대해서 알아?

테트라 복리계산… 이요?

나 응, 은행에 돈을 맡기면 몇 퍼센트의 이자가 붙잖아. 복리계산은 반복해서 이자가 붙는 계산을 말해.

테트라 아….

나 이자가 붙는 기준이 되는 돈이 원금이야. 일정한 기간 동안 돈을 맡기면 원금과 기간에 따른 이자가 붙지.

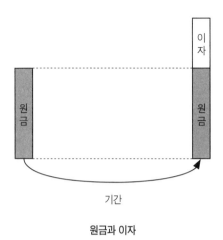

이
자

원
금

원
금

기간

원금과 이자

테트라 네, 알겠어요.

나 붙은 이자도 자신의 돈이니까 원금에 이자를 포함시키면 더 큰 원금을 얻을 수 있어. 새로운 원금의 금액이 커지면 다음의 기간에서는 이자도 커지지.

테트라 네, 그렇네요.

나 1년에 이자를 몇 번 포함시킬지를 생각해보자. 원금을 1년 맡기고 연말에 처음으로 이자를 포함시킨다고 한다면, 1년에 1번, 이자를 포함시키는 것이 되는 거야.

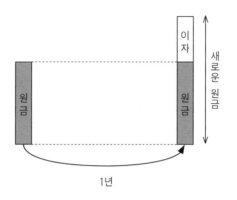

원금

이자

새로운 원금

원금

1년

1년에 1번, 이자를 포함시키는 경우

테트라 아하….

나 또 다른 방법으로는 반년이 지난 시점에서 반년분의 이자를 포함시키는 방법이 있어. 물론 남은 반년은 반년분의 이자를 포함한 후의 새로운 원금에 이자가 붙는 것이 되지. 이건, 1년에 2번, 이자를 포함시키는 거라고 말할 수 있어. 여기까지 알겠어?

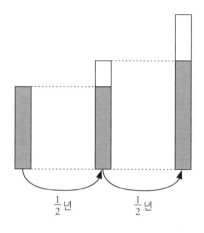

$\frac{1}{2}$ 년 $\frac{1}{2}$ 년

1년에 2번, 이자를 포함시키는 경우

테트라 네, 1년에 1번 포함시키든지, 2번 포함시키든지에 대한 내용이죠?

나 그렇지, 그렇지. 그런데 '1년에 1번'과 '1년에 2번' 중에서 연말의 예금 잔액은 어느 쪽이 클까?

테트라 그건….

나 이자는 맡긴 기간에 비례한다는 것에 주의해. 원금이 같은 금액이라면 반년분의 이자는 1년분의 이자의 반이 돼. 맡긴 기간이 반년이기 때문에.

테트라 1년에 2번 포함시키는 편이 연말의 예금 잔액이 클 거라고 생각하는데… 자신은 없어요.

나 응. 정답은 같이 생각해보자. 또, 1년에 n번 포함시킨다고
한다면 연말의 예금 잔액은 어떻게 될까에 대한 내용을 일
반화한 문제도 같이 생각해보자.

테트라 음, 역시 n이 큰 편이 예금 잔액도 커지는 거 아닌가
요? 왜냐하면 이자를 원금에 포함시키면 남은 기간에서는
처음보다 큰 원금에 대한 이자가 붙게 되니까…. 아, 그렇
지만 급하게 적은 금액의 이자를 포함시키는 것보다 장기
간 맡겨서 고액의 이자를 붙이는 것이 좋을까요? 대답이
좀 뒤죽박죽이네요!

나 문제 형식으로 제대로 써볼게. 간단히 하기 위해서 1년 맡
겼을 때 이자가 붙는 연리가 100%라고 해보자. 즉, 연말에
한 번 포함시키는 이자가 원금과 같은 액수라고 해보자. 이
런 은행은 없지만 말이야.

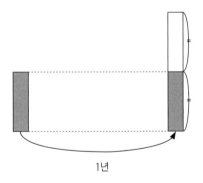

1년

연리 100%의 은행

테트라 배짱이 큰 은행이네요!

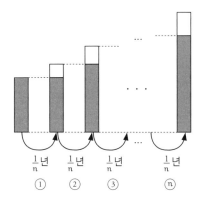

1년에 n번, 이자를 포함시키는 경우

나 예를 들어 n = 1일 때, 연말에 1번만 이자를 포함시키니

까 예금 잔액 e_1은 2억 원이야. 이 금액은 계산으로 얻을
수 있어.

$$e_1 = 《연초의 예금 잔액》 + \underbrace{《연초의 예금 잔액》 \times 《1년분의 금리》}_{\text{1년분의 이자}}$$

$$= 1 + 1 \times \frac{1}{1}$$

$$= 2$$

테트라 $e_1 = 2$로, 2억 원!

나 이런 짓을 하면 은행은 금방 파산하겠지만…. 그럼, 다음으
로 $n = 2$일 때를 생각해보자.

테트라 1년에 2번 이자를 잔액에 포함시키는 거니까…. 음….

나 처음의 반년 후의 예금 잔액을 A_1이라고 하고, 다음 반년
후의 예금 잔액을 A_2라고 하면….

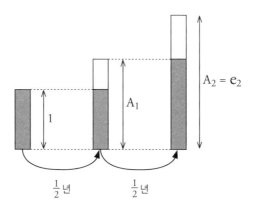

e₂를 구한다

테트라 말, 말하지 말아주세요! 연초부터 반년 후까지의 예금 잔액 A_1은 이거예요. 기간이 $\frac{1}{2}$이니까….

$$A_1 = \text{《처음의 예금 잔액》} + \underbrace{\text{《연초의 예금 잔액》} \times \text{《}\frac{1}{2}\text{년분의 금리》}}_{\text{처음의 }\frac{1}{2}\text{년분의 이자}}$$

$$= 1 + 1 \times \frac{1}{2}$$

$$= 1 + \frac{1}{2}$$

나 그렇지.

테트라 그리고 A_1을 새로운 원금으로 해서 반년분의 이자가
늘어난 것을 A_2라고 한다면….

$$A_2 = A_1 + \underbrace{A_1 \times \frac{1}{2}}_{\text{남은 }\frac{1}{2}\text{년분의 이자}}$$

나 응, 좋아 좋아.

테트라 A_2가 구하려 했던 e_2예요. 정리하면….

$$
\begin{aligned}
e_2 &= A_2 \\
&= A_1 + A_1 \times \frac{1}{2} \\
&= A_1 \left(1 + \frac{1}{2} \right) & \text{A_1로 묶었다} \\
&= \left(1 + \frac{1}{2} \right) \left(1 + \frac{1}{2} \right) & \text{$A_1 = 1 + \frac{1}{2}$ 이므로} \\
&= \left(1 + \frac{1}{2} \right)^2 \\
&= \left(\frac{3}{2} \right)^2 \\
&= \frac{9}{4} \\
&= 2.25
\end{aligned}
$$

테트라 e_1 = 2이고, e_2 = 2.25예요. 그렇다는 건 역시 이자를 2번 포함시키는 것이 금액이 더 크네요. 그런데 선배님. e_1 = $1 + \frac{1}{1}$ 이고, e_2 = $\left(1 + \frac{1}{2}\right)^2$ 이 되는데… 이건….

나 응, 그 예상이 맞아.

테트라 확인해보고 싶어서 n = 3도 생각해볼게요. 아까랑 같이 처음의 $\frac{1}{3}$ 년의 잔액을 B_1이라고 하고 다음의 $\frac{1}{3}$ 년의 잔액을 B_2라고 하고, 마지막의 $\frac{1}{3}$ 의 잔액을 B_3이라고 하면….

$$B_1 \quad = 1 + 1 \times \frac{1}{3} \quad = 1 + \frac{1}{3} \quad = \left(1 + \frac{1}{3}\right)^1$$

$$B_2 \quad = B_1 + B_1 \times \frac{1}{3} \quad = B_1\left(1 + \frac{1}{3}\right) \quad = \left(1 + \frac{1}{3}\right)^2$$

$$B_3 \quad = B_2 + B_2 \times \frac{1}{3} \quad = B_2\left(1 + \frac{1}{3}\right) \quad = \left(1 + \frac{1}{3}\right)^3$$

테트라 $e_3 = B_3$이니까 $e_3 = \left(1 + \frac{1}{3}\right)^3$ 이 되요. 역시 e_n은 $\left(1 + \frac{1}{n}\right)^n$ 이 되는 거군요!

$$e_1 = \left(1 + \frac{1}{1}\right)^1$$

$$e_2 = \left(1 + \frac{1}{2}\right)^2$$

$$e_3 = \left(1 + \frac{1}{3}\right)^3$$

$$\vdots$$

$$e_n = \left(1 + \frac{1}{n}\right)^n$$

나 그렇지.

해답1 (복리계산)

연리 100%의 은행이 있다고 가정하여, 1년에 n번 예금 잔액에 이자를 포함시킨다. 연초의 예금 잔액을 1억 원이라고 하고 연말의 예금 잔액을 e_n억 원이라고 했을 때

$$e_n = \left(1 + \frac{1}{n}\right)^n$$

이 성립한다.

나 그러니까, 무라키 선생님의 카드에 쓰여 있던 식은 연리 100%의 은행에서 1년에 이자를 n번 포함시켰을 때의 1년 후의 예금 잔액을 말하는 거네. 복리계산이야.

테트라 ….

나 왜?

5-4 수렴과 발산

테트라 선배님… 혹시 n을 크게 하면 e_n 즉 $\left(1 + \dfrac{1}{n}\right)^n$ 은 무한대가 되나요? 예금 잔액이 무한대?

나 예금 잔액이 얼마만큼 커질지 궁금하지?

테트라 네…. 저, 잘 모르겠어요. n이 커질 때 n제곱이라면 엄청나게 커지잖아요? 그러니까 될 수 있는 한 1에 가깝다고 하더라도 n제곱하면 얼마나 커질까 하고 생각했어요.

나 응.

테트라 하지만, 지금 선배님의 예금 잔액 이야기를 듣고 그렇지 않을지도 모른다고 생각했어요. 왜냐하면 연리는 정해져 있으니까, 가령 세세하게 나눠서 포함시킨다 하더라도 무한으로 커지지는 않을 것 같다고.

나 응. e_n이 어떻게 될지, 상상하는 것은 어려워. n을 크게 했을 때 e_n이 얼마든지 커지는가? 아니면, 정해진 금액에 가까워지는지가 궁금한 거네.

테트라 네. 이건 역시 나눗셈과 곱셈의 대결이에요! 나눗셈이 이기면 그렇게 커지지는 않고, 곱셈이 이기면… 얼마든지 커지는.

나 무한대는 숫자가 아니니까, '무한대까지 커진다'고는 말하지 않아. n을 크게 해서 e_n이 얼마든지 커진다면, e_n은 '양의 무한대로 발산'한다고 해.

테트라 양의 무한대로 발산한다….

나 그리고, n을 점점 크게 할 때, e_n의 값이 결정된 값에 무한대로 가까워진다면, e_n은 그 값에 '수렴한다'고 해.

테트라 수렴한다….

나 그리고 수렴할 때에 무한대로 가까워지는 그 값을 극한값이라고 해, 테트라.

테트라 잠, 잠깐만 기다려주세요…. 음….

나 정리하면 이렇지. n을 크게 했을 때에 수열의 항이 결정된 값에 무한대로 가까워지면, 그 수열은 수렴한다고 해. 수렴하지 않았다면 발산한다고 해. 발산은 3종류가 있는데,

'무한대로 커진다(양의 무한대로 발산)' '무한대로 작아진다(음의 무한대로 발산)' '어느 쪽도 아니다(진동)'야.

$$\left\{ \begin{array}{l} \text{수렴} \\ \\ \text{발산} \left\{ \begin{array}{l} \text{양의 무한대로 발산} \\ \text{음의 무한대로 발산} \\ \text{진동} \end{array} \right. \end{array} \right.$$

테트라 알겠어요.

나 그럼, 조금 실험해볼까?

테트라 실험?

나 함수계산기가 있으니까, 구체적인 n을 사용해서 e_n이 어느 정도의 크기가 되는지 알아보는 거야.

테트라 아, 그렇군요! 그건 단서가 되겠네요!

나 어느 정도는 그렇지. 실험에서 확인할 수 있는 것은 유한 개의 n이니까 증명을 대신할 수는 없어. 그렇지만 모양 정도는 확인하고 싶어지지?

테트라 확인하고 싶어요!

나 $\left(1 + \frac{1}{n}\right)^n$ 에서 $n = 1, 2, 3\cdots$으로 변화시켜보자.

테트라 어떻게 될까요….

$\left(1 + \frac{1}{n}\right)^n$ **의 변화** ($n = 1, 2, 3, \cdots, 10$)

n	$\left(1 + \frac{1}{n}\right)^n$
1	2
2	2.25
3	2.370370370
4	2.44140625
5	2.48832
6	2.521626371
7	2.546499697
8	2.565784513
9	2.581174791
10	2.593742460

테트라 미묘하네요…. 조금씩 늘어나는 것 같긴 한데….

나 예금이라면 n을 1년 동안의 날짜 수보다 크게 하는 것이 불가능하지만, 수학적으로는 얼마든지 가능해.

테트라 훨씬 더 큰 n으로 확인해봐요!

나 그래.

$\left(1 + \dfrac{1}{n}\right)^n$ 의 변화 (n = 1, 10, 100, ⋯, 1000000)

n	$\left(1 + \frac{1}{n}\right)^n$
1	2
10	2.5937424601
100	2.7048138294
1000	2.7169239322
10000	2.7181459268
100000	2.7182682372
1000000	2.7182804693

테트라 선배님! n이 1000000이 되면, 2.7182까지의 행은 더 이상 변하지 않는 것 같아요. $\left(1 + \dfrac{1}{n}\right)^n$ 은, 음…, 수렴하고 있

어요!

나 수렴한다는 것은 예상할 수 있지만 역시 증명해보고 싶
  은데.

테트라 증명…. 어떻게 하면 증명할 수 있어요?

나 이항정리를 사용해서 $\left(1 + \frac{1}{n}\right)^n$ 을 전개하면 뭔가 될 것 같은
  데. 전개해서 식의 형태를 잘 보면 말이야.

테트라 이항정리!

테트라는 '비밀노트'를 펼쳐본다.

이항정리

$$(x + y)^n = \binom{n}{0} x^{n-0} y^0$$

$$+ \binom{n}{1} x^{n-1} y^1$$

$$+ \binom{n}{2} x^{n-2} y^2$$

$$+ \cdots$$

$$+ \binom{n}{k} x^{n-k} y^k$$

$$+ \cdots$$

$$+ \binom{n}{n-2} x^2 y^{n-2}$$

$$+ \binom{n}{n-1} x^1 y^{n-1}$$

$$+ \binom{n}{n-0} x^0 y^{n-0}$$

※ 여기서 $\binom{n}{k} = {}_nC_k$ (n개에서 k개를 꺼내 조합한 수)
이다.

테트라 이걸 사용하는 거군요….

나 그렇지. $\binom{n}{k}$은 이렇게 구체적으로 쓸 수 있어.

$$\binom{n}{k} = \frac{n!}{(n-k)!k!} = \frac{n(n-1)\cdots(n-k+1)}{k!}$$

●●● **문제2 (수렴일까? 발산일까?)**

일반항이

$$e_n = \left(1 + \frac{1}{n}\right)^n$$

으로 나타나는 수열은 $n \to \infty$로 수렴되는가?

나 먼저 이항정리를 $\left(1 + \frac{1}{n}\right)^n$에 적용한 식을 써보자. 이항정리의 x와 y에 1과 $\frac{1}{n}$을 각각 대입하는 거야.

$$e_n = \left(1 + \frac{1}{n}\right)^n$$

$$= \binom{n}{0} 1^{n-0} \left(\frac{1}{n}\right)^0 \quad \text{이항정리로 전개했다.}$$

$$+ \binom{n}{1} 1^{n-1} \left(\frac{1}{n}\right)^1$$

$$+ \binom{n}{2} 1^{n-2} \left(\frac{1}{n}\right)^2$$

$$+ \binom{n}{3} 1^{n-3} \left(\frac{1}{n}\right)^3$$

$$+ \cdots$$

$$+ \binom{n}{k} 1^{n-k} \left(\frac{1}{n}\right)^k$$

$$+ \cdots$$

$$+ \binom{n}{n} 1^0 \left(\frac{1}{n}\right)^{n-0}$$

테트라 갑, 갑자기, 어지러울 정도로 복잡하네요.

나 괜찮아. 복잡하게 느껴지는 이유는 수식 전체를 한 번에 읽으려고 하기 때문이야. '복잡한 수식은 나눠서 읽는 것'이 중요해. 식의 형태에 주목하면서 말이야. 먼저, 1^{n-k}은 어차피 1이니까 쓰지 않아도 괜찮아. 그리고 $\left(\frac{1}{n}\right)^k$은 $\frac{1}{n^k}$로

쓰는 게 읽기 편해. 다음엔, 전개한 각 항에 이름을 붙여서
알아보면 돼.

$$e_n = \left(1 + \frac{1}{n}\right)^n$$

$$= \binom{n}{0}\frac{1}{n^0} \qquad \text{a_0 이라고 이름을 붙인다.}$$

$$+ \binom{n}{1}\frac{1}{n^1} \qquad \text{a_1 이라고 이름을 붙인다.}$$

$$+ \binom{n}{2}\frac{1}{n^2} \qquad \text{a_2 라고 이름을 붙인다.}$$

$$+ \binom{n}{3}\frac{1}{n^3} \qquad \text{a_3 이라고 이름을 붙인다.}$$

$$+ \cdots$$

$$+ \binom{n}{k}\frac{1}{n^k} \qquad \text{a_k 라고 이름을 붙인다.}$$

$$+ \cdots$$

$$+ \binom{n}{n}\frac{1}{n^n} \qquad \text{a_n 이라고 이름을 붙인다.}$$

테트라 그렇군요. 즉, 이런 말이죠?!

$$e_n = a_0 + a_1 + a_2 + a_3 + \cdots + a_k + \cdots + a_n$$

나 그렇지, 그렇지. e_n 전체는 복잡하지만 합의 형태로 나누면 간단해. 예를 들어 a_k는 이런 형태.

$$a_k = \binom{n}{k} \frac{1}{n^k}$$

테트라 이것뿐이라면, 어떻게든….

나 이항정리는 고등학교 수학에서 배우는 식 중에서 아마 제일 복잡하다고 생각하지만 정리하자면 $k = 0, 1, 2, 3, \cdots, n$으로 움직여서 a_k를 더했을 뿐이야.

테트라 아, 네….

나 앞쪽의 몇 개 정도를 계산해볼까?

$$a_0 \quad = \binom{n}{0} \frac{1}{n^0} \quad = 1 \cdot 1 \qquad\qquad = 1$$

$$a_1 \quad = \binom{n}{1} \frac{1}{n^1} \quad = n \cdot \frac{1}{n} \qquad\qquad = 1$$

$$a_2 \quad = \binom{n}{2} \frac{1}{n^2} \quad = \frac{n(n-1)}{2} \cdot \frac{1}{n^2} \qquad = \frac{n(n-1)}{2n^2}$$

$$a_3 \quad = \binom{n}{3} \frac{1}{n^3} \quad = \frac{n(n-1)(n-2)}{6} \cdot \frac{1}{n^3} \quad = \frac{n(n-1)(n-2)}{6n^3}$$

테트라 a_0과 a_1은 1이네요. 근데, a_2부터는 복잡해요….

나 분모를 2나 6과 같이 계산해버리면 패턴을 발견하기 어려
  워지려나⋯. '계산하는 도중에 패턴을 찾는' 편이 알기 쉬
  울지도 모르겠다.

테트라 계산을 중간에 멈춰요?

나 그렇지. a_2의 분모 $2n^2$은 원래 $2!n^2$이고, a_3의 분모 $6n^3$은
  $3!n^2$이잖아. 첨자와 계승(팩토리얼, !)과 지수의 숫자가 같아
  지고 있는 것을 알겠어?

테트라 알겠어요, 알겠어요!

나 이게 패턴이야. 원래 $\frac{n(n-1)}{2!}$ 이나 $\frac{n(n-1)(n-2)}{3!}$ 는 조합
  의 경우의 수니까 패턴을 발견하기 쉬워. n을 n − 0이라고
  쓰면 더 좋을지도!

$$a_0 = \binom{n}{0} \frac{1}{n^0} = \frac{1}{0!\, n^0}$$

$$a_1 = \binom{n}{1} \frac{1}{n^1} = \frac{(n-0)}{1!\, n^1}$$

$$a_2 = \binom{n}{2} \frac{1}{n^2} = \frac{(n-0)(n-1)}{2!\, n^2}$$

$$a_3 = \binom{n}{3} \frac{1}{n^3} = \frac{(n-0)(n-1)(n-2)}{3!\, n^3}$$

테트라 그렇군요. 패턴이라는 의미를 알아가고 있어요.

나 일반적으로 a_k는 이렇게 써.

$$a_k = \binom{n}{k} \frac{1}{n^k} = \frac{(n-0)(n-1)(n-2)(n-3)\cdots(n-k+1)}{k!\, n^k}$$

테트라 정말 이렇게 되네요! …음, 근데, 지금 뭘 했었죠?

나 $\left(1 + \frac{1}{n}\right)^n$을 이항정리로 전개해서 각 항 a_k의 패턴을 보고 있었지. 여기까지 우리는 이런 식을 얻을 수 있게 되었어.

$$
\begin{aligned}
e_n &= \left(1 + \frac{1}{n}\right)^n \\
&= 1 &&(\leftarrow a_0) \\
&+ 1 &&(\leftarrow a_1) \\
&+ \frac{(n-0)(n-1)}{2!\, n^2} &&(\leftarrow a_2) \\
&+ \frac{(n-0)(n-1)(n-2)}{3!\, n^3} &&(\leftarrow a_3) \\
&+ \cdots \\
&+ \frac{(n-0)(n-1)(n-2)(n-3)\cdots(n-k+1)}{k!\, n^k} &&(\leftarrow a_k) \\
&+ \cdots \\
&+ \frac{(n-0)(n-1)(n-2)(n-3)\cdots 1}{n!\, n^n} &&(\leftarrow a_n)
\end{aligned}
$$

테트라 전개는 했는데 이걸로 무엇을 알 수 있어요?

나 나도 아직 잘 몰라.

테트라 네?

나 그렇지만 목표는 알겠어. $n \to \infty$일 때의 e_n이 수렴하는지 그렇지 않은지를 알고 싶은 거야.

테트라 극한을 알려면 어떻게?

나 우리가 $n \to \infty$에서의 극한을 알아볼 때의 무기는 정해져 있어. 예를 들어 $\frac{1}{n}$이나 $\frac{1}{n^2}$도 유용하지. 왜냐하면 $n \to \infty$일 때, $\frac{1}{n} \to 0$이고, $\frac{1}{n^2} \to 0$이라고 알고 있으니까.

테트라 아하….

나 사용할 수 있는 무기는 그 정도밖에 없으니까 우리가 만들어낸 식을 그 무기가 사용되는 형태로 변형하는 것이 자연스러운 거 같아.

테트라 그게 제대로 될까요?

나 아니, 아니. 테트라. 해보지 않으면 몰라. 잘 될 거라는 보장은 없어. 그렇지만 먼저 식 변형을 통해서 무기가 사용되는 형태로 만들도록 노력해보자.

테트라 네….

나 $a_0 = 1$, $a_1 = 1$은 이미 알고 있으니까 a_2부터 해보자. 예를 들어 이러한 식 변형이 사용될 것 같아.

$$a_2 = \frac{(n-0)(n-1)}{2! \, n^2}$$

$$= \frac{n^2 - n}{2! \, n^2} \qquad \text{분자를 전개했다.}$$

$$= \frac{1}{2!}\left(\frac{n^2 - n}{n^2}\right) \qquad \tfrac{1}{2!} \text{을 밖으로 내보냈다.}$$

$$= \frac{1}{2!}\left(\frac{n^2}{n^2} - \frac{n}{n^2}\right) \qquad \text{분수를 분리했다.}$$

$$= \frac{1}{2!}\left(1 - \frac{1}{n}\right) \qquad \text{약분했다. (★)}$$

테트라 아! 진짜네요. $\frac{1}{n}$이 나왔어요!

나 a_3도 똑같이 할 수 있을 것 같네.

$$a_3 = \frac{(n-0)(n-1)(n-2)}{3! \, n^3}$$

$$= \frac{n^3 - 3n^2 + 2n}{3! \, n^3} \qquad \text{분자를 전개했다.}$$

$$= \frac{1}{3!}\left(\frac{n^3 - 3n^2 + 2n}{n^3}\right) \qquad \tfrac{1}{3!} \text{을 밖으로 내보냈다.}$$

$$= \frac{1}{3!}\left(\frac{n^3}{n^3} - \frac{3n^2}{n^3} + \frac{2n}{n^3}\right) \qquad \text{분수를 분리했다.}$$

$$= \frac{1}{3!}\left(1 - \frac{3}{n} + \frac{2}{n^2}\right) \qquad \text{약분했다. (☆)}$$

테트라 $\frac{3}{n}$이나 $\frac{2}{n^2}$가 나왔어요. 마치 마법 같아요.

나 아니야, 아니야. 전개했을 뿐이니까. 그렇지만 이걸로 정리되었네. $n \to \infty$일 때, $\frac{1}{n} \to 0$이고 $\frac{1}{n^2} \to 0$이니까, 괄호 안에 남는 것은 1뿐이야. 즉, $n \to \infty$에서의 a_2와 a_3의 극한값을 구할 수 있어.

$$\lim_{n \to \infty} a_2 = \lim_{n \to \infty} \frac{1}{2!} \left(1 - \frac{1}{n} \right) \quad \text{213쪽의 (★)에서}$$

$$= \frac{1}{2!} \qquad\qquad n \to \infty \text{에서 } \tfrac{1}{n} \to 0 \text{이므로.}$$

테트라 이건 a_2의 극한값이 $\frac{1}{2!}$이라는 거죠?

나 그렇지. 똑같이 a_3의 극한값도 계산할 수 있어.

$$\lim_{n \to \infty} a_3 = \lim_{n \to \infty} \frac{1}{3!} \left(1 - \frac{3}{n} + \frac{2}{n^2} \right) \quad \text{213쪽의 (☆)에서}$$

$$= \frac{1}{3!}$$

테트라 선배님! 저도 패턴이 보이기 시작했어요! a_2의 극한값이 $\frac{1}{2!}$이고, a_3의 극한값이 $\frac{1}{3!}$이니까 a_k의 극한값은 $\frac{1}{k!}$이네요. 분명히!

나 그렇지. a_k를 생각해보자.

$$\lim_{n \to \infty} a_k = \lim_{n \to \infty} \frac{(n-0)(n-1)(n-2)(n-3)\cdots(n-k+1)}{k!\,n^k}$$

나 이 분자를 전개하면 n^k으로 시작하는 k수식이 되니까 분
모인 n^k으로 나누면 $1 + \boxed{\frac{1}{n}\text{의 거듭제곱을 사용한 유한합}}$의

형태가 돼. 즉….

$$\lim_{n \to \infty} a_k = \lim_{n \to \infty} \frac{1}{k!}\left(1 + \boxed{\tfrac{1}{n}\text{의 거듭제곱을 사용한 유한합}}\right)$$

$$= \frac{1}{k!}$$

테트라 네….

나 그럼, 우리의 목표에 도달했네.

$$\lim_{n \to \infty} e_n = \lim_{n \to \infty} \left(1 + \frac{1}{n}\right)^n$$

$$= a_0 + a_1 + a_2 + a_3 + a_4 + \cdots$$

$$= 1 + 1 + \frac{1}{2!} + \frac{1}{3!} + \frac{1}{4!} + \cdots$$

$$= \frac{1}{0!} + \frac{1}{1!} + \frac{1}{2!} + \frac{1}{3!} + \frac{1}{4!} + \cdots$$

테트라 진짜네요!

미르카 진짜일까?

테트라 우왓! 미르카 선배님!

나의 같은 반 친구, 재주가 많은 미르카가 노트를 엿보고 있었다. 언제부터 보고 있었을까?

미르카 테트라, 문제는?

테트라 문, 문제는 이거예요.

●●● **문제2 (수렴일까? 발산일까?)**

일반항을

$$e_n = \left(1 + \frac{1}{n}\right)^n$$

으로 나타나는 수열은 $n \to \infty$로 수렴되는가?

미르카 음…. 정말, 이 식은 결과적으로는 맞아.

$$\lim_{n \to \infty} \left(1 + \frac{1}{n} \right)^n = \frac{1}{0!} + \frac{1}{1!} + \frac{1}{2!} + \frac{1}{3!} + \frac{1}{4!} + \cdots$$

미르카 그렇지만, 신경 쓰이는 부분이 2개 있어. 먼저, 테트라의 식 변형으로 $a_0 + a_1 + a_2 + a_3 + a_4 + \cdots$에서, $1 + 1 + \frac{1}{2!} + \frac{1}{3!} + \frac{1}{4!} + \cdots$로 진행되는 점이 이상해. a_k에는 n이 숨겨져 있으니까 $a_{n,k} = a_k$로 보면 알 수 있어. 구해야 하는 극한은

$$\lim_{n \to \infty} (a_{n,0} + a_{n,1} + \cdots + a_{n,n})$$

인데, 테트라가 계산하고 있는 것은 아래의 식이야. 일반적으로 이건 이상해.

$$\lim_{m \to \infty} \left(\lim_{n \to \infty} a_{n,0} + \lim_{n \to \infty} a_{n,1} + \cdots + \lim_{n \to \infty} a_{n,m} \right)$$

나 그렇구나⋯. 정말 그러네. 또 다른 이상한 점은?

미르카 그건, 정리해서 얻은 무한급수 $\frac{1}{0!} + \frac{1}{1!} + \frac{1}{2!} + \frac{1}{3!} + \frac{1}{4!} + \cdots$가 수렴되는지 어떤지 애초에 확인하지 않은 점.

나 음, 그러네. 이게 수렴하는 것을 증명하지 않으면 $\lim_{n \to \infty} e_n$

이 수렴한다고 말할 수 없어….

미르카 다시 마음을 가다듬고 e_n의 수렴을 생각해보자.

5-6 극한의 문제

미르카 $e_n = \left(1 + \dfrac{1}{n}\right)^n$ 의 수렴을 알아보자. '단조증가하는 수열이 상한을 갖는다면 그 수열은 수렴'한다는 정리를 사용하자. 증명의 순서는 이거야.

증명의 순서

다음의 수열 e_n이 $n \to \infty$로 수렴하는 것을 증명한다.

$$e_n = \left(1 + \frac{1}{n}\right)^n$$

이를 위해서, 이하의 ①과 ②를 증명한다.

---

① 수열 $\langle e_n \rangle$은 단조증가한다.

즉, 임의의 n = 1, 2, 3, ⋯에 대해서

$$e_n < e_{n+1}$$

이 성립한다.

② 수열 $\langle e_n \rangle$은 상한을 갖는다.

즉, 임의의 n = 1, 2, 3, ⋯에 대해서

$$e_n \leq A$$

가 되는 n에 근접하지 않는 정수 A가 존재한다.

5-7 ①수열 $\langle e_n \rangle$은 단조증가한다

미르카 먼저 e_n이 단조증가하는 것을 이항정리로 나타내. $e_n = \left(1 + \dfrac{1}{n} \right)^n$을 전개한 각 항을 a_0, a_1, a_2 ⋯, a_n이라고 하자.

테트라 a_k는 아까 계산한 이거죠?

$$a_k = \frac{(n-0)(n-1)(n-2)(n-3)\cdots(n-k+1)}{k!\,n^k} \qquad \text{211쪽에서.}$$

미르카 이런 식으로 변형해가는 거야.

$$a_k = \frac{(n-0)(n-1)(n-2)(n-3)\cdots(n-k+1)}{k!\,n^k}$$

$$= \frac{1}{k!} \cdot \frac{(n-0)(n-1)(n-2)(n-3)\cdots(n-k+1)}{n^k}$$

$$= \frac{1}{k!} \cdot \frac{\overbrace{(n-0)\cdot(n-1)\cdot(n-2)\cdot(n-3)\cdots(n-k+1)}^{k개의\ 곱}}{\underbrace{n\cdot n\cdot n\cdot n\cdots n}_{k개의\ 곱}}$$

$$= \frac{1}{k!} \cdot \frac{n-0}{n} \cdot \frac{n-1}{n} \cdot \frac{n-2}{n} \cdot \frac{n-3}{n} \cdots \frac{n-k+1}{n}$$

$$= \frac{1}{k!} \cdot 1 \cdot \left(1-\frac{1}{n}\right) \cdot \left(1-\frac{2}{n}\right) \cdot \left(1-\frac{3}{n}\right) \cdots \left(1-\frac{k-1}{n}\right)$$

$$= \frac{1}{k!} \left(1-\frac{1}{n}\right) \left(1-\frac{2}{n}\right) \left(1-\frac{3}{n}\right) \cdots \left(1-\frac{k-1}{n}\right)$$

나 그렇구나. a_k를 곱한 것으로 두는 거구나.

$$a_k = \frac{1}{k!}\left(1 - \frac{1}{n}\right)\left(1 - \frac{2}{n}\right)\cdots\left(1 - \frac{k-1}{n}\right)$$

미르카 e_n은 $a_0, a_1, \cdots, a_k, \cdots, a_n$의 합이니까 이렇게 쓸 수 있어.

$$
\begin{aligned}
e_n &= \left(1 + \frac{1}{n}\right)^n \\
&= 1 && \leftarrow a_0 \\
&+ 1 && \leftarrow a_1 \\
&+ \frac{1}{2!}\left(1 - \frac{1}{n}\right) && \leftarrow a_2 \\
&+ \frac{1}{3!}\left(1 - \frac{1}{n}\right)\left(1 - \frac{2}{n}\right) && \leftarrow a_3 \\
&+ \cdots \\
&+ \frac{1}{k!}\left(1 - \frac{1}{n}\right)\left(1 - \frac{2}{n}\right)\cdots\left(1 - \frac{k-1}{n}\right) && \leftarrow a_k \\
&+ \cdots \\
&+ \frac{1}{n!}\left(1 - \frac{1}{n}\right)\left(1 - \frac{2}{n}\right)\cdots\left(1 - \frac{n-1}{n}\right) && \leftarrow a_n
\end{aligned}
$$

테트라 여기서 $n \to \infty$로 하는 거군요!

미르카 아니야.

테트라 엥? 어어?

미르카 지금은 e_n의 단조증가를 즉, $e_n < e_{n+1}$을 증명하고 싶어. 그러니까 e_{n+1}을 구해야지. $e_{n+1} = \left(1 + \dfrac{1}{n+1}\right)^{n+1}$을 이항정리해서 전개한 각 항을 b_k라고 하자.

$$
\begin{aligned}
e_{n+1} &= \left(1 + \frac{1}{n+1}\right)^{n+1} \\
&= 1 && \leftarrow b_0 \\
&\quad + 1 && \leftarrow b_1 \\
&\quad + \frac{1}{2!}\left(1 - \frac{1}{n+1}\right) && \leftarrow b_2 \\
&\quad + \frac{1}{3!}\left(1 - \frac{1}{n+1}\right)\left(1 - \frac{2}{n+1}\right) && \leftarrow b_3 \\
&\quad + \cdots \\
&\quad + \frac{1}{k!}\left(1 - \frac{1}{n+1}\right)\left(1 - \frac{2}{n+1}\right)\cdots\left(1 - \frac{k-1}{n+1}\right) && \leftarrow b_k \\
&\quad + \cdots \\
&\quad + \frac{1}{n!}\left(1 - \frac{1}{n+1}\right)\left(1 - \frac{2}{n+1}\right)\cdots\left(1 - \frac{n-1}{n+1}\right) && \leftarrow b_n \\
&\quad + \frac{1}{(n+1)!}\left(1 - \frac{1}{n+1}\right)\left(1 - \frac{2}{n+1}\right)\cdots\left(1 - \frac{n}{n+1}\right) && \leftarrow b_{n+1}
\end{aligned}
$$

테트라 이건 어떻게 계산했어요?

나 e_n은 이미 n의 식으로 써 있으니까 n을 n + 1로 바꿔서 구하는 거야. 테트라.

미르카 $e_n < e_{n+1}$을 알아보기 위해서 각 항을 비교해.

나 그렇군. a_k와 b_k를 항별로 비교하는 거구나.

미르카 e_n은 a_0에서 a_n까지 n + 1항, e_{n+1}은 b_0에서 b_{n+1}까지 n + 2항이 있는 것에 주의하고.

테트라 음….

미르카 $a_0 = b_0$이고 $a_1 = b_1$이라고 금방 말할 수 있어. 모두 1과 같으니까. a_2와 b_2를 비교하면.

$$\begin{cases} a_2 = \dfrac{1}{2!}\left(1 - \dfrac{1}{n}\right) \\ b_2 = \dfrac{1}{2!}\left(1 - \dfrac{1}{n+1}\right) \end{cases}$$

나 $0 < n < n + 1$이니까 $\frac{1}{n} > \frac{1}{n+1}$이라고 할 수 있고, 이를 통해 $1 - \frac{1}{n} < 1 - \frac{1}{n+1}$이라고 말할 수 있으니까 $a_2 < b_2$네.

미르카 a_3과 b_3의 비교도 마찬가지로.

$$\begin{cases} a_3 = \dfrac{1}{3!}\left(1 - \dfrac{1}{n}\right)\left(1 - \dfrac{2}{n}\right) \\[3mm] b_3 = \dfrac{1}{3!}\left(1 - \dfrac{1}{n+1}\right)\left(1 - \dfrac{2}{n+1}\right) \end{cases}$$

나 응, 정말 $a_3 < b_3$이다.

미르카 a_n과 b_n의 비교까지는 똑같아.

$$\begin{cases} a_n = \dfrac{1}{n!}\left(1 - \dfrac{1}{n}\right)\left(1 - \dfrac{2}{n}\right)\cdots\left(1 - \dfrac{n-1}{n}\right) \\[3mm] b_n = \dfrac{1}{n!}\left(1 - \dfrac{1}{n+1}\right)\left(1 - \dfrac{2}{n+1}\right)\cdots\left(1 - \dfrac{n-1}{n+1}\right) \end{cases}$$

미르카 비교해보면 $a_n < b_n$이라고 말할 수 있어. a_{n+1}은 존재하지 않지만, $b_{n+1} > 0$은 존재해. 이것도 $e_n < e_{n+1}$에 기여해.

나 응. 어느 항도 $a_k \le b_k$라고 말할 수 있네.

224

$$a_0 = b_0$$
$$a_1 = b_1$$
$$a_2 < b_2$$
$$a_3 < b_3$$
$$\vdots$$
$$a_n < b_n$$
$$(\text{항 없음}) \; 0 < b_{n+1}$$

미르카 양변의 합을 보면 $e_n < e_{n+1}$이라고 말할 수 있어. 수열 $\langle e_n \rangle$은 단조증가야.

① 수열 $\langle e_n \rangle$은 단조증가한다.

5-8 ② 수열 $\langle e_n \rangle$은 상한을 갖는다

나 남은 것은 순서 ②네.

미르카 그래. 수열 $\langle e_n \rangle$이 상한을 갖는 것을 증명하면 이 수열이 수렴한다고 말할 수 있어.

●●● **문제3 (상한의 존재)**

$e_n = \left(1 + \dfrac{1}{n}\right)^n$ 일 때, 어떠한 양의 정수 n에 대해서도

$$e_n \leq A$$

를 만족하는 정수 A는 존재하는가? (이 A가 상한이 된다)

미르카 이건 간단해. a_k의 $\dfrac{1}{n}$ 부분을 모두 0으로 바꾸면 다음의 부등식이 만들어져.

$$a_k = \frac{1}{k!}\left(1 - \frac{1}{n}\right)\left(1 - \frac{2}{n}\right)\cdots\left(1 - \frac{k-1}{n}\right)$$

$$\leq \frac{1}{k!}\,(1-0)(1-0)\cdots(1-0)$$

$$= \frac{1}{k!}$$

나 그렇구나. $a_k = \dfrac{1}{k!}$ 이라고 한다면 다음은 $k = 0, 1, 2, \cdots, n$ 으로 합하면 e_n의 부등식이 나오네.

226

$$a_0 + a_1 + a_2 + \cdots + a_n \leq \frac{1}{0!} + \frac{1}{1!} + \frac{1}{2!} + \cdots + \frac{1}{n!}$$

$$e_n \leq \frac{1}{0!} + \frac{1}{1!} + \frac{1}{2!} + \cdots + \frac{1}{n!}$$

미르카 e_n의 상한을 찾는 거니까 이 부등식의 우변을 구성하고 있는 $\frac{1}{k!}$을 위에서부터 평가하는 것을 생각하는 거야. 즉, $k!$을 아래에서부터 평가해보자. $k!$은 큰 수니까 어렵지 않아.

나 그러네. 2^k이면 될까?

미르카 아마 그게 간단할 거야.

테트라 서, 선배님들 잠깐 기다려주세요! 저를 빠뜨리지 말아주세요!

나 지금 무얼 증명하고 싶은 건지 알겠어? 테트라?

테트라 네, 네! $e_n \leq A$가 되는 A를 구하는 거죠?

나 그렇지, 그렇지. A와 같은 '정수'가 존재한다는 것만으로도 좋지만, 물론 실제로 구체적인 값을 구해도 좋고.

미르카 테트라는 왜 지금 이걸 정수라고 말했는지 알겠어?

테트라 음…. 정수는, 정수인 거죠?

미르카 $e_n \leq A$를 만족하는 A의 존재를 말하고 있는 건데, 그 A는 임의의 n에 대해 변화하지 않는 A여야 한다는 의미야.

n이 변화할 때마다 A가 값을 변화시키면 안 돼. 변화하면 상한이 되지 않아.

테트라 아, 네…. 그 부분은 이해했어요. 오해하고 있지 않아요. 다만 어려웠던 부분은 선배님들이 k!이라든지 2^k이라든지, 이런 걸 너무 빨리 말하시니까 어려워요.

미르카 아….

나 있잖아, 테트라. 지금은 e_n의 상한, 즉 $e_n \leq A$라는 정수 A를 찾으려 하고 있는데, 조금 조건을 완화해서 $\frac{1}{0!} + \frac{1}{1!} + \frac{1}{2!} + \cdots + \frac{1}{n!} \leq A$가 되는 A를 찾으려고 하고 있었어. A가 n에 접근하지 않는 정수를 말이야.

아래를 만족하는 정수 A는 존재하는가?

$$e_n \leq \frac{1}{0!} + \frac{1}{1!} + \frac{1}{2!} + \cdots + \frac{1}{n!} \leq A$$

테트라 조건을 완화해서?

나 응, 와 $e_n \leq A$ 같은 A를 찾는 것보다 $\frac{1}{0!} + \frac{1}{1!} + \frac{1}{2!} + \cdots + \frac{1}{n!} \leq A$와 같은 A를 찾는 게 간단할 거라 생각했어. 아니, 그런 힌트를 미르카가 알려줬어.

테트라 …아, 있잖아요. '간단하다고 생각했다'는 건 어떻게 하면 알게 되나요? 역시 수학의 센스인가요?

나 센스라고 표현할 정도는 아니고, 연습이라고 생각해. 부등식에서 다양하게 다루면서 $x \leq y$를 증명하고 싶어졌고, 그때 마침 m 같은 것을 발견했어. 그래서 $x \leq$ m과 m $\leq y$를 증명하면 $x \leq y$도 증명할 수 있었어…. 그런 경험이라고 생각해.

테트라 그렇군요. 연습과 경험….

나 나와 미르카가 k!이나 2^k에 대해서 이야기한 것은 $\frac{1}{0!} + \frac{1}{1!} + \frac{1}{2!} + \cdots + \frac{1}{n!} \leq$ A와 같은 A를 찾기 위해서야. $\frac{1}{k!}$을 위에서부터 잘 평가해서 $\frac{1}{k!} \leq A_k$ 같은 수를 발견하는 거야.

테트라 '위에서부터 평가한다'고 하는 것의 의미는 뭐죠…?

나 $\frac{1}{k!} \leq A_k$가 되는 A_k를 발견하는 것을 말해. 그리고 A_k로서 $\frac{1}{2^k}$이 사용될 것이라고 생각했어.

테트라 그, 그것도 연습이랑 경험을 통해서 인가요?

나 그렇긴 하지만, 이건 '지식'도 포함되어 있어. k!이나 2^k이 얼마만큼 커질까 같은 지식이지.

미르카 $\frac{1}{2^k}$이라면 합을 구하기 쉽다는 지식도 있어.

테트라 그래요? 연습과 경험과 지식….

미르카 수학을 계속해보자. 그럼 k!이랑 2^k으로 부등식을 만들 수 있어.

$$1! \ = 1 \qquad\qquad = \ 1 \qquad\qquad = 2^0$$

$$2! \ = 2 \cdot 1 \qquad\qquad = \ 2 \cdot 1 \qquad\qquad = 2^1$$

$$3! \ = 3 \cdot 2 \cdot 1 \qquad\quad > \ 2 \cdot 2 \cdot 1 \qquad\quad = 2^2$$

$$4! \ = 4 \cdot 3 \cdot 2 \cdot 1 \qquad > \ 2 \cdot 2 \cdot 2 \cdot 1 \qquad = 2^3$$

$$5! \ = 5 \cdot 4 \cdot 3 \cdot 2 \cdot 1 \quad > \ 2 \cdot 2 \cdot 2 \cdot 2 \cdot 1 \quad = 2^4$$

$$\vdots$$

$$k! \ = k \cdot (k-1) \cdots 2 \cdot 1 \ > \ 2 \cdot 2 \cdot 2 \cdots 2 \cdot 1 \ = 2^{k-1}$$

미르카 $k! \geq 2^{k-1}$ 이니까 역수를 취하면 $\frac{1}{k!} \leq \frac{1}{2^{k-1}}$ 이 돼. 다음은 $k = 1, 2, \cdots, n$ 으로 합을 얻어.

$$\frac{1}{1!} + \frac{1}{2!} + \cdots + \frac{1}{n!} \leq \frac{1}{2^0} + \frac{1}{2^1} + \cdots + \frac{1}{2^{n-1}}$$

$$1 + \frac{1}{1!} + \frac{1}{2!} + \cdots + \frac{1}{n!} \leq 1 + \frac{1}{2^0} + \frac{1}{2^1} + \cdots + \frac{1}{2^{n-1}}$$

나 좌변은 e_n 이고, 우변은 등비급수의 합으로 위에서부터 정리할 수 있어.

$$1 + \frac{1}{2^0} + \frac{1}{2^1} + \cdots + \frac{1}{2^{n-1}} \leq 1 + \frac{1}{2^0} + \frac{1}{2^1} + \cdots + \frac{1}{2^{n-1}} + \cdots$$

$$e_n \leq 1 + \frac{1}{1 - \frac{1}{2}} \qquad \text{(등비급수의 합)}$$

$$e_n \leq 3$$

미르카 $e_n \leq 3$ 이라고 말할 수 있겠다!

나 상한이네!

해답3 (상한의 존재)

$e_n = \left(1 + \frac{1}{n}\right)^n$ 이라고 했을 때, 어떠한 양의 정수 n에 대해서도

$$e_n \leq A$$

를 만족하는 정수 A는 존재한다. 예를 들어 $e_n \leq 3$ 이다.

미르카 이것으로 아래의 내용을 말할 수 있어.

① 수열 $\langle e_n \rangle$은 단조증가한다(225쪽).

② 수열 $\langle e_n \rangle$은 상한을 갖는다(231쪽).

미르카 따라서, 수열 e_n은 수렴한다. 음, 이걸로 끝났네.

나 미르카. $n \to \infty$일 때 $e_n \to e$라고 하면, 이 극한값 e는 자연대수의 밑이지?

미르카 그렇지. e는 오일러 선생님의 표기.

수열의 극한으로서의 e를 나타낸다.

$$e = \lim_{n \to \infty} \left(1 + \frac{1}{n}\right)^n$$

미르카 그리고, 이 값 e는 $\frac{1}{0!} + \frac{1}{1!} + \frac{1}{2!} + \frac{1}{3!} + \cdots$과 같아.

232

무한급수로서의 e를 나타낸다.

$$e = \frac{1}{0!} + \frac{1}{1!} + \frac{1}{2!} + \frac{1}{3!} + \cdots$$

$$= \sum_{k=0}^{\infty} \frac{1}{k!}$$

미르카 e의 값은 e = 2.71828…로 무한하게 이어져. 원주율 π
와 같이 정수의 비에서는 표현할 수 없지. 무리수야.

소수로서 e를 나타낸다.

$$e = 2.718281828459045235360287471352\cdots$$

나 결국 $\left(\frac{n+1}{n}\right)^n$의 '나눗셈과 곱셈의 대결'은 나눗셈이 이긴
것이 돼, 테트라. $n \to \infty$ 라도 $\left(\frac{n+1}{n}\right)^n$은 수렴하니까. 자연
대수의 밑 e에 수렴해.

테트라 네, 네…. 저는 '경험과 지식과 연습'이 더 필요한 것 같

아요. 열심히 할게요!

미르카 그런데, 이 식은 흥미로운데.

$$\frac{1}{0!} + \frac{1}{1!} + \cdots + \frac{1}{n!} + \cdots$$

미르카 이 식을 가지고 이런 함수 e^x을 생각할 수 있어.

$$e^x = \frac{x^0}{0!} + \frac{x^1}{1!} + \cdots + \frac{x^n}{n!} + \cdots$$

미르카 이 함수가 항별로 x로 미분된다고 하면….

$$\begin{aligned}
(e^x)' &= \left(\frac{x^0}{0!} + \frac{x^1}{1!} + \cdots + \frac{x^n}{n!} + \cdots \right)' \\
&= 0 + \frac{x^0}{0!} + \frac{x^1}{1!} + \cdots + \frac{x^n}{n!} + \cdots \\
&= \frac{x^0}{0!} + \frac{x^1}{1!} + \cdots + \frac{x^n}{n!} + \cdots \\
&= e^x
\end{aligned}$$

미르카 즉, e^x은 몇 번이라도 미분할 수 있고, 형태를 바꾸지 않는 함수라고 할 수 있어. 지수함수 e^x의 특징 중 하나.

$$e^x \xrightarrow{\ x\text{로 미분한다.}\ } e^x \xrightarrow{\ x\text{로 미분한다.}\ } e^x \xrightarrow{\ x\text{로 미분한다.}\ } \ \cdots$$

나 복리계산으로 연리가 원금의 x배가 될 때의 n번 포함시킨 경우의 극한이네.

$$e^x = \lim_{n \to \infty} \left(1 + \frac{x}{n} \right)^n$$

테트라 저, 저도 '경험과 지식과 연습'을 더욱⋯.

미즈타니 선생님 하교시간이에요.

오늘의 수학 토크는 이걸로 끝.

하지만 우리들의 '미분을 배우는 여행'은 아직 끝나지 않았다.

참고문헌

- 사토 추(佐藤忠), 《모노그래프6. 대수함수(モノグラフ 6. 対数関数)》, 과학신흥사(科学新興社)

- 요시다 다케루(吉田武), 《오일러의 선물(オイラ_の贈物)》, 동해대학출판회(東海大学出版会)

- 도오야마 히라쿠(遠山啓), 《기초로부터 아는 수학입문(基礎からわかる数学入門)》, SB크리에이티브(SBクリエイティブ)

- 다카하시 요이치로(高橋陽一郎), 《변화를 파악한다(変化をとらえる)》, 도쿄도서(東京図書)

- 레온하르트 오일러, 《오일러의 무한해석(オイラ_の無限解析)》, 카이메이샤(海鳴社)

"인간의 변화를 파악하기 위해서는 어떻게 하면 될까?"

제5장의 문제

●●● 문제 5-1 (수열의 극한)

n → ∞로, 양의 무한대로 발산하지 않고, 음의 무한대로도 발산하지 않고, 특정 값으로도 수렴하지 않는 수열 $\langle a_n \rangle$ 을 만들어보시오.

(해답은 269쪽에)

●●● 문제 5-2 (수열의 수렴)

n → ∞로, 이하의 수열 $\langle S_n \rangle$이 수렴할 때를 증명하시오.

$$S_n = \frac{1}{0!} + \frac{1}{1!} + \frac{1}{2!} + \frac{1}{3!} + \cdots + \frac{1}{n!}$$

(힌트: 218쪽의 증명의 순서를 사용한다.)

(해답은 270쪽에)

어느 날, 어느 때. 수학 자료실에서.

소녀 우왓, 다양한 것이 있네요!

선생님 그렇지.

소녀 선생님, 이거 뭐예요?

선생님 뭐라고 생각해?

소녀 n부터 선이 나와 있어요.

선생님 이건, 0 이상의 정수열 〈0, 1, 2, 3, …〉을 출력하는 장
   치야.

소녀 장치?

$$\xrightarrow{\langle 0, 1, 2, 3, \dots \rangle} \boxed{n}$$

선생님 이 장치는 뭐라고 생각해?

소녀 이건, 수열 $\langle a_0, a_1, a_2, a_3, \cdots \rangle$을 출력하는 장치?

$$\langle a_0, a_1, a_2, a_3, \cdots \rangle \longleftarrow \boxed{a_n}$$

선생님 그렇지. 수열 $\langle b_n \rangle$을 출력하는 장치도 있어.

$$\langle b_0, b_1, b_2, b_3, \cdots \rangle \longleftarrow \boxed{b_n}$$

소녀 선생님, 이건 뭐예요?

선생님 뭐라고 생각해?

소녀 입력과 출력이 있는 장치?

선생님 오른쪽에 수열을 입력하면 왼쪽에서 다른 수열을 출력.

소녀 아, a_0이 사라졌네요.

선생님 이건, 수열을 '이동'하는 장치. 이런 예도 있어.

$$\langle 1, 2, 3, 4, \cdots \rangle \quad \ll \quad \langle 0, 1, 2, 3, \cdots \rangle \quad n$$

소녀 0, 1, 2, 3, …을 입력하면 1, 2, 3, 4, …를 출력?

선생님 그렇지. 최초의 항을 지우는 거야.

소녀 선생님, 이건 뭐예요?

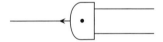

선생님 뭐라고 생각해?

소녀 이번에는 2개의 입력이 있고, 곱셈?

선생님 이런 장치야. 이름은 각 항의 '곱'.

$$\langle a_0 b_0, a_1 b_1, a_2 b_2, a_3 b_3, \cdots \rangle \quad \cdot \quad \begin{matrix} \langle a_0, a_1, a_2, a_3, \cdots \rangle & a_n \\ \langle b_0, b_1, b_2, b_3, \cdots \rangle & b_n \end{matrix}$$

소녀 수열의 각 항의 합?

선생님 그렇지.

소녀 선생님, 이건 뭐예요?

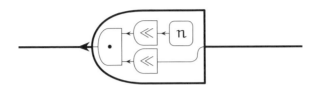

선생님 뭐라고 생각해?

소녀 n을 '이동'한 수열과 입력한 수의 '곱'을 얻는 장치?

선생님 ⟨5, 3, 1, 0, 0, ⋯⟩을 입력하면 ⟨3, 2, 0, 0, 0, ⋯⟩을 출력해.

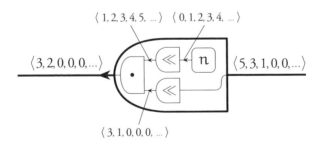

소녀 ⋯선생님, 이 장치의 이름은 뭐예요?

선생님 '미분'이라고 해.

소녀 '미분'?!

선생님 함수 $5 + 3x + x^2$의 계수를 수열이라고 보고 $\langle 5, 3, 1,$ $0, 0, \cdots \rangle$이라고 해. 함수 $3 + 2x$는 수열 $\langle 3, 2, 0, 0, 0, \cdots \rangle$이라고 봐. $5 + 3x + x^2$을 미분하면 $3 + 2x$잖아.

소녀 $x^2 + 3x + 5$가 아니라 $5 + 3x + x^2$아니에요?

선생님 무한의 수열을 다루고 싶기 때문이야. 예를 들어 지수함수 e^x을 이런 식으로 나타낸다고 해보자.

$$e^x = \frac{x^0}{0!} + \frac{x^1}{1!} + \frac{x^2}{2!} + \frac{x^3}{3!} + \cdots$$

소녀 ….

선생님 이 수열을 수열 $\langle E_n \rangle$으로 나타내면 이렇게 돼.

$$\langle E_n \rangle = \left\langle \frac{1}{0!}, \frac{1}{1!}, \frac{1}{2!}, \frac{1}{3!}, \cdots \right\rangle$$

소녀 네, 계수의 열이네요….

선생님 수열 $\langle E_n \rangle$을 '미분'에 입력하면….

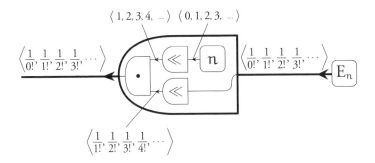

소녀 변하지 않아요, 선생님!

선생님 지수함수 e^x을 x로 미분해도 e^x인 채로 변하지 않아.

소녀 !

선생님 $\sin x$는 다음의 수열 $\langle S_n \rangle$으로 만들어져.

$$\langle S_n \rangle = \left\langle\ 0,\ \frac{+1}{0!},\ 0,\ \frac{-1}{3!},\ 0,\ \frac{+1}{5!},\ 0,\ \frac{-1}{7!},\ \cdots\ \right\rangle$$

선생님 이 수열을 '미분' 장치에 입력하면 어떻게 될까?

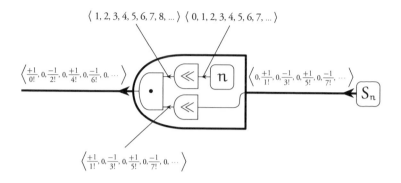

소녀 $\cos x$에 대응하는 수열 $\langle C_n \rangle$이 나오네요!

$$\langle C_n \rangle = \left\langle \ \frac{+1}{0!}, \ 0, \ \frac{-1}{2!}, \ 0, \ \frac{+1}{4!}, \ 0, \ \frac{-1}{6!}, \ 0, \ \cdots \ \right\rangle$$

소녀는 그렇게 말하고 '크흐흐'하며 웃었다.

해답

제1장의 해답

••• **문제 1-1 (위치 그래프)**

직선상의 점 P에 대해서 시각 t에서의 위치 x의 그래프
를 그렸다.

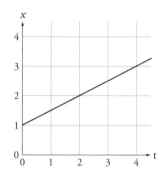

① 시각 $t = 1$에서의 위치 x를 구하시오.

② 위치 $x = 3$에 도달한 시각 t를 구하시오.

③ 이 점 P의 운동이 똑같이 지속된다면 위치 $x = 100$에
도달한 시각 t를 구하시오.

④ 이 점 P에 대해서 속도 v의 그래프를 그리시오.

〈해답 1-1〉

① 시각 t = 1일 때의 위치 x는 그래프에서 다음과 같이 파악할 수 있다.

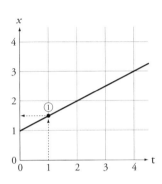

답: $x = 1.5$ (또는 $x = \dfrac{3}{2}$ 등)

② 위치 $x = 3$에 도달했을 때 시각 t는 그래프에서 다음과 같이 파악할 수 있다.

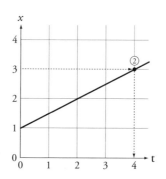

답: t = 4

③ 위치 그래프의 기울기가 $\frac{1}{2}$이므로 점 P는 속도 $v = \frac{1}{2}$의 등속도 운동을 하고 있다. 속도의 정의에서

$$《속도》 = \frac{《변화 후의 위치》 - 《변화 전의 위치》}{《변화 후의 시각》 - 《변화 전의 시각》}$$

가 성립하므로 이 식을 사용해서 구하려는 시각을 계산할 수 있다. '변화 전의 시각'을 0, '변화 전의 위치'를 1로 하고, '변화 후의 위치'를 100, '변화 후의 시각'을 t라고 하면 다음의 식이 성립한다.

$$\frac{1}{2} = \frac{100 - 1}{t - 0}$$

이 식을 사용하여 시각 t를 구해보자.

$$\frac{1}{2} = \frac{100 - 1}{t - 0}$$ 속도의 정의에서

$$\frac{1}{2} = \frac{99}{t}$$ 분모 · 분자를 계산했다.

$$\frac{t}{2} = 99$$ 양변에 t를 곱했다.

$$t = 198$$ 양변에 2를 곱했다.

답: t = 198

④ 점 P는 속도 $v = \frac{1}{2}$의 등속도 운동을 하고 있다. 따라서, 속도 v의 그래프는 다음과 같다.

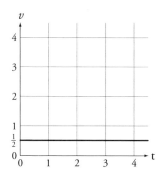

직선상의 점 P에 대해서 시각 t에서의 위치 x의 그래프를 그렸다.

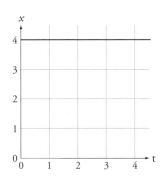

이 점 P에 대해서 속도 v의 그래프를 그리시오.

⟨해답 1-2⟩

점 P는 시각 t가 얼마든지 변화하더라도 위치는 $x = 4$인 채로 변화하지 않는다. 즉, 점 P는 움직이지 않고 멈추어 있다(정지하고 있다). 따라서 속도는 항상 $v = 0$이 되어 속도 그래프는 다음과 같다.

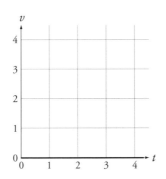

●●● 문제1-3 (위치 그래프)

직선상의 점 P에 대해서 시각 t에서의 위치 x의 그래프를 그렸다.

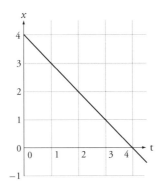

이 점 P에 대해서 속도 v의 그래프를 그리시오.

〈해답 1-3〉

점 P는 시각 t가 1만큼 변화하면, 위치는 −1만큼 변화한다. 즉, 점 P는 등속도 운동 $v = -1$로 움직이고 있다. 따라서 속도 그래프는 다음과 같다.

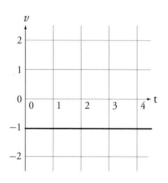

제2장의 해답

●●● 문제 2-1 (위치 그래프를 읽는다)

직선상을 움직이는 점의 '위치 그래프'가 (A) ~ (F)가 될 때 점이 각각 어떠한 운동을 하고 있다고 말할 수 있을까? 선택지 ① ~ ④ 중에서 선택하시오.

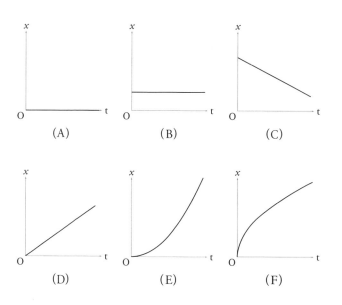

(A)   (B)   (C)

(D)   (E)   (F)

선택지

① 정지하고 있다(속도는 0인 채로 일정하다).

② 등속도로 운동하고 있다(속도는 일정하지만 0은 아니다).

③ 점점 빨라지고 있다(속도는 플러스로 증가하고 있다).

④ 점점 느려지고 있다(속도는 플러스지만 감소하고 있다).

⟨해답 2-1⟩

(A)는 위치가 $x = 0$인 채 변화하지 않는다. 따라서 정지하고 있는 것과 같다(①).

(B)는 위치가 $x > 0$인 채 변화하지 않는다. 따라서 (A)와 마찬가지로 정지하고 있는 것과 같다(①).

(C)는 시각이 증가하면 위치가 일정한 비율로 감소하고 있다. 따라서 등속도로 운동하고 있는 것과 같다. 이 경우의 속도는 음(마이너스)이다(②).

(D)는 시각이 증가하면 위치도 일정의 비율로 증가하고 있다. 따라서 등속도로 운동하고 있는 것과 같다. 이 경우의 속도는 양(플러스)이다(②).

(E)는 시각이 증가하면 위치도 증가하고 증가하는 비율도

증가하고 있다. 따라서 점점 빨라진다(③).

(F)는 시각이 증가하면 위치도 증가하지만 증가하는 비율은 점차 감소하고 있다. 따라서 점점 느려진다(④).

답: (A) ① (B) ① (C) ② (D) ② (E) ③ (F) ④

●●● **문제 2-2 (속도를 구한다)**

제2장에서는 시각 t에서의 위치 x를

$$x = t^2$$

으로 나타낼 때 시각 t에서의 속도 v를

$$v = 2t$$

로 나타내는 것을 확인했다.

그렇다면 시각 t에서의 위치 x를

$$x = t^2 + 5$$

로 나타낼 때 시각 t에서의 속도 v는 어떠한 식으로 나타낼 수 있는가?

〈해답 2-2〉

먼저, 시각이 t에서 t + h까지 변화했을 때의 속도를 정의에 따라서 계산한다.

$$\langle\!\langle \text{속도} \rangle\!\rangle = \frac{\langle\!\langle \text{위치의 변화} \rangle\!\rangle}{\langle\!\langle \text{시간의 변화} \rangle\!\rangle}$$

$$= \frac{\langle\!\langle \text{변화 후의 위치} \rangle\!\rangle - \langle\!\langle \text{변화 전의 위치} \rangle\!\rangle}{\langle\!\langle \text{변화 후의 시각} \rangle\!\rangle - \langle\!\langle \text{변화 전의 시각} \rangle\!\rangle}$$

$$= \frac{\left((t+h)^2 + 5\right) - \left(t^2 + 5\right)}{(t+h) - t}$$

$$= \frac{(t^2 + 2th + h^2 + 5) - (t^2 + 5)}{h}$$

$$= \frac{t^2 + 2th + h^2 + 5 - t^2 - 5}{h}$$

$$= \frac{2th + h^2}{h}$$

$$= 2t + h$$

계산한 속도 $2t + h$로 시각의 변화 h를 0에 끝없이 가깝게 하면, 시각 t에서의 속도 $v = 2t$를 얻을 수 있다.

답: $v = 2t$

보충: 이 답을 통해 위치가 $x = t^2$으로 표현될 때는 $x = t^2$

+5로 속도도 똑같이 $v = 2t$가 되는 것을 알 수 있다. 또한 더욱 일반화하여 위치를 $x = t^2 + a$라는 식으로 나타낼 때도 속도가 $v = 2t$가 되는 것을 계산으로 알 수 있다. 여기서 a는 시각 t = 0일 때의 위치를 나타내고 있으므로 속도는 시각 t = 0일 때의 위치에 가깝지 않은 것을 알 수 있다.

제3장의 해답

●●● **문제 3-1 (파스칼의 삼각형)**

파스칼의 삼각형을 그려보시오.

〈해답 3-1〉

옆에 마주한 2개의 수를 더했을 때의 수를 다음 행에 적으면 파스칼의 삼각형을 만들 수 있다. 예를 들어 9번째 행까지 적으면 다음과 같다.

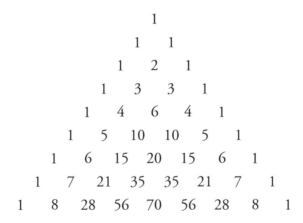

파스칼의 삼각형

또한, 파스칼의 삼각형을 좌측으로 이동시키면 다음과 같은 '조합의 수 $\binom{n}{k}$의 표'가 된다.

		0	1	2	3	4	5	6	7	8
					k					
	0	1								
	1	1	1							
	2	1	2	1						
	3	1	3	3	1					
n	4	1	4	6	4	1				
	5	1	5	10	10	5	1			
	6	1	6	15	20	15	6	1		
	7	1	7	21	35	35	21	7	1	
	8	1	8	28	56	70	56	28	8	1

조합의 수 $\binom{n}{k}$의 표

●●● **문제 3-2 (함수 x^4의 미분)**

함수 x^4을 x로 미분했을 때의 도함수를 계산으로 구하시오.

(x가 h만큼 변화할 때의 'x^4의 평균 변화율'을 계산하여, h를 최대한 0에 가깝게 했을 때의 모습을 알아보시오.)

〈해답 3-2〉

먼저 x가 h만큼 변화했을 때의 'x^4의 평균 변화율'을 계산한다.

$$《x^4의\ 평균\ 변화율》 = \frac{《x^4의\ 변화》}{《x의\ 변화》}$$

$$= \frac{《변화\ 후의\ x^4의\ 값》 - 《변화\ 전의\ x^4의\ 값》}{《변화\ 후의\ x의\ 값》 - 《변화\ 전의\ x의\ 값》}$$

$$= \frac{(x+h)^4 - (x)^4}{(x+h) - (x)}$$

$$= \frac{(x+h)^4 - x^4}{h} \qquad 분모를\ 계산했다.$$

$$= \frac{1}{h}\left\{(x+h)^4 - x^4\right\}$$

$$= \frac{1}{h}\left(1x^4h^0 + 4x^3h^1 + 6x^2h^2 + 4x^1h^3 + 1x^0h^4 - x^4\right)$$

$$= \frac{1}{h}\left(x^4 + 4x^3h + 6x^2h^2 + 4xh^3 + h^4 - x^4\right)$$

$$= \frac{1}{h}\left(4x^3h + 6x^2h^2 + 4xh^3 + h^4\right) \qquad \begin{array}{l} x^4이\ 뺄셈으로 \\ 사라졌다. \end{array}$$

$$= 4x^3 + 6x^2h + 4xh^2 + h^3$$

$$= 4x^3 + \underbrace{h(6x^2 + 4xh + h^2)}_{h가\ 곱해진\ 식}$$

여기서 h가 끝없이 0에 가까워진다고 할 때 'x^4의 평균 변화율'은 끝없이 $4x^3$에 가까워진다. 따라서 x^4을 x로 미분해서 얻어지는 도함수는 $4x^3$이 된다.

답: 도함수는 $4x^3$이 된다.

●●● **문제 3-3 (속도와 위치)**

직선상을 움직이는 점의 속도를 시각 t의 함수 $4t^3$으로 나타낸다. 이때, 점의 위치는 t의 함수 t^4으로 나타낼 수 있다고 말할 수 있는가?

〈**해답 3-3**〉

아니다. 점의 위치를 t^4으로 나타낸다고만은 할 수 없다. 예를 들어 t = 0일 때의 점의 위치를 1이라고 하면 점의 위치는

$$t^4 + 1$$

이라는 t의 함수가 된다. 따라서 이 경우도 속도는 $4t^3$으로 나타낼 수 있다.

일반적으로 점의 위치를

$$t^4 + a \quad (a는 t가 변화해도 변하지 않는 정수)$$

라는 t의 함수로 나타낼 때 속도를 $4t^3$으로 나타낸다.

제4장의 해답

●●● 문제 4-1 (360의 약수)

157쪽에 360에는 다양한 양의 약수가 있다는 이야기가 나왔다. 360의 양의 약수를 모두 구하시오.

(360의 양의 약수란, 360이 나누어떨어지는 1 이상의 정수를 말한다.)

〈해답 4-1〉

360을 순서대로 1, 2, 3, …으로 나누었을 때 나누어떨어지는지 아닌지를 알아보면, 모든 약수를 구할 수 있다. 나누어떨어졌을 때의 답(몫)도 약수가 되는 것에 주의하면, 약수는 (1, 360), (2, 180), (3, 120), …과 같이 2개씩 쌍으로 만들어지는 것을 알 수 있다.

360을 순서대로 1, 2, 3, …으로 나누어 가면, 얻어진 몫은 (18, 20)의 다음인 (20, 18)이 된다. 이후에 나타나는 쌍은 지금까지 나타난 쌍을 교환한 것이므로, 이 이상 알아볼 필요가 없다.

360의 약수는 다음과 같다.

1	2	3	4	5	6	8	9	10	12	15	18
360	180	120	90	72	60	45	40	36	30	24	20

주의: $9 = 3^3$과 같은 제곱수의 약수를 구하는 경우에는 한 쌍의 수가 같아지는 경우도 있다.

【추가 해답】

360을 소인수분해하면

$$360 = 2^3 \times 3^2 \times 5^1$$

이 된다(소인수는 2, 3, 5). 따라서 360의 약수는

$$2^a \times 3^b \times 5^c$$

이라는 형태로 나타낼 수 있으며

$$\begin{cases} a & = 0, 1, 2, 3 \\ b & = 0, 1, 2 \\ c & = 0, 1 \end{cases}$$

이다. 이 조건을 충족하는 (a, b, c)의 모든 조합을 생각하면 360의 모든 약수를 구할 수 있다.

a	b	c	약수	
0	0	0	$2^0 \times 3^0 \times 5^0$	$= 1$
1	0	0	$2^1 \times 3^0 \times 5^0$	$= 2$
2	0	0	$2^2 \times 3^0 \times 5^0$	$= 4$
3	0	0	$2^3 \times 3^0 \times 5^0$	$= 8$
0	1	0	$2^0 \times 3^1 \times 5^0$	$= 3$
1	1	0	$2^1 \times 3^1 \times 5^0$	$= 6$
2	1	0	$2^2 \times 3^1 \times 5^0$	$= 12$
3	1	0	$2^3 \times 3^1 \times 5^0$	$= 24$
0	2	0	$2^0 \times 3^2 \times 5^0$	$= 9$
1	2	0	$2^1 \times 3^2 \times 5^0$	$= 18$
2	2	0	$2^2 \times 3^2 \times 5^0$	$= 36$
3	2	0	$2^3 \times 3^2 \times 5^0$	$= 72$
0	0	1	$2^0 \times 3^0 \times 5^1$	$= 5$
1	0	1	$2^1 \times 3^0 \times 5^1$	$= 10$
2	0	1	$2^2 \times 3^0 \times 5^1$	$= 20$
3	0	1	$2^3 \times 3^0 \times 5^1$	$= 40$
0	1	1	$2^0 \times 3^1 \times 5^1$	$= 15$
1	1	1	$2^1 \times 3^1 \times 5^1$	$= 30$
2	1	1	$2^2 \times 3^1 \times 5^1$	$= 60$
3	1	1	$2^3 \times 3^1 \times 5^1$	$= 120$
0	2	1	$2^0 \times 3^2 \times 5^1$	$= 45$
1	2	1	$2^1 \times 3^2 \times 5^1$	$= 90$
2	2	1	$2^2 \times 3^2 \times 5^1$	$= 180$
3	2	1	$2^3 \times 3^2 \times 5^1$	$= 360$

이하의 함수를 x로 2번 미분하시오.

① $3x^2 + 4x + 3$

② $2x^3 - x^2 - 3x - 5$

③ $\dfrac{1}{0!} + \dfrac{x^1}{1!} + \dfrac{x^2}{2!} + \dfrac{x^3}{3!} + \dfrac{x^4}{4!} + \cdots + \dfrac{x^{100}}{100!}$

($n! = n(n-1) \cdots 2 \cdot 1$이라고 하고, $0! = 1$이라고 정의한다.)

〈해답 4-2〉

① 합의 미분은 각 항을 미분해서 합을 구한다.

$$3x^2 + 4x + 3 \xrightarrow{\;x\text{로 미분한다.}\;} 6x + 4$$

$$6x + 4 \xrightarrow{\;x\text{로 미분한다.}\;} 6$$

답: 6

②

$$2x^3 - x^2 - 3x - 5 \xrightarrow{\;x\text{로 미분한다.}\;} 6x^2 - 2x - 3$$

$$6x^2 - 2x - 3 \xrightarrow{\;x\text{로 미분한다.}\;} 12x - 2$$

답: $12x - 2$

③ 먼저 일반항 $\frac{x^n}{n!}$의 미분을 계산해보자. $n \geq 1$일 때 $\frac{x^n}{n!} = \frac{x^n}{n \times (n-1)!}$ 이며 분모에 n이 나타날 때에 주목한다.

$$\frac{x^n}{n!} \xrightarrow{\;x\text{로 미분한다.}\;} \frac{nx^{n-1}}{n!} = \frac{nx^{n-1}}{n \times (n-1)!} = \frac{x^{n-1}}{n-1\,!}$$

즉, $n \geq 1$일 때

$$\frac{x^n}{n!} \xrightarrow{\;x\text{로 미분한다.}\;} \frac{nx^{n-1}}{(n-1)!}$$

이라고 말할 수 있다.

$$\frac{1}{0!} + \frac{x^1}{1!} + \frac{x^2}{2!} + \frac{x^3}{3!} + \frac{x^4}{4!} + \cdots + \frac{x^{100}}{100!}$$

$$\xrightarrow{\;x\text{로 미분한다.}\;} 0 + \frac{1}{0!} + \frac{x^1}{1!} + \frac{x^2}{2!} + \frac{x^3}{3!} + \cdots + \frac{x^{99}}{99!}$$

$$\frac{1}{0!} + \frac{x^1}{1!} + \frac{x^2}{2!} + \frac{x^3}{3!} + \cdots + \frac{x^{99}}{99!}$$

$$\xrightarrow{\;x\text{로 미분한다.}\;} 0 + \frac{1}{0!} + \frac{x^1}{1!} + \frac{x^2}{2!} + \cdots + \frac{x^{98}}{98!}$$

$$\text{답: } 1 + x + \frac{x^2}{2!} + \cdots + \frac{x^{98}}{98!}$$

보충: 위의 답을

$$\frac{1}{0!} + \frac{x^1}{1!} + \frac{x^2}{2!} + \cdots + \frac{x^{98}}{98!}$$

이라고 쓰면 미분하기 전의 함수와 형태가 비슷한 것을 알 수 있다.

그래프를 떠올리며 증감표의 빈칸을 채우시오.

x	0	$\cdots$	$\frac{\pi}{2}$	$\cdots$	π	$\cdots$	$\frac{3\pi}{2}$	$\cdots$	2π
$\sin x$	0	$\nearrow$	1	$\searrow$	0				
$\cos x$									
$-\sin x$									
$-\cos x$									

〈**해답 4-3**〉

다음과 같다.

x	0	$\cdots$	$\frac{\pi}{2}$	$\cdots$	π	$\cdots$	$\frac{3\pi}{2}$	$\cdots$	2π
$\sin x$	0	$\nearrow$	1	$\searrow$	0	$\searrow$	-1	$\nearrow$	0
$\cos x$	1	$\searrow$	0	$\searrow$	-1	$\nearrow$	0	$\nearrow$	1
$-\sin x$	0	$\searrow$	-1	$\nearrow$	0	$\nearrow$	1	$\searrow$	0
$-\cos x$	-1	$\nearrow$	0	$\nearrow$	1	$\searrow$	0	$\searrow$	-1

미분할 때마다 $\frac{\pi}{2}$만큼 어긋나는 모습을 알 수 있도록 최대치를 회색으로 나타내고 있다.

제5장의 해답

●●● **문제 5-1 (수열의 극한)**

n →∞로, 양의 무한대로 발산하지 않고, 음의 무한대로도
발산하지 않고, 특정 값으로도 수렴하지 않는 수열 $\langle a_n \rangle$
을 만들어보시오.

〈해답 5-1〉

예를 들어 일반항을 $a_n = (-1)^n$ 으로 나타내는 수열을 생
각한다. a_n의 값은 n이 홀수일 때에는 $a_n = -1$이 되고, n
이 짝수일 때에는 $a_n = 1$이 된다. 따라서 수열 $\langle a_n \rangle$은 n →
∞로, 양의 무한대로도 발산하지 않고, 음의 무한대로도 발
산하지 않고, 특정 값에 수렴하는 경우도 없다.
이러한 수열은 진동하는 수열이라고 부른다. 진동도 발산
의 일종이다.

【추가해답】

제4장에 나온 삼각함수 sin x를 사용해서 진동하는 수열을
만들 수 있다. 예를 들어

$$a_n = \sin \frac{n\pi}{2}$$

라고 하면, n = 0, 1, 2, 3, 4, 5, 6, …에 대한 a_n은

$$0, 1, 0, -1, 0, 1, 0, \cdots$$

이라는 수열이 된다.

●●● **문제 5-2 (수열의 수렴)**

n → ∞로, 이하의 수열 $\langle S_n \rangle$이 수렴할 때를 증명하시오.

$$S_n = \frac{1}{0!} + \frac{1}{1!} + \frac{1}{2!} + \frac{1}{3!} + \cdots + \frac{1}{n!}$$

(힌트: 218쪽의 증명의 순서를 사용한다.)

〈해답 5-2〉

아래 2가지를 설명한다.

① 수열 $\langle S_n \rangle$은 단조증가한다.
② 수열 $\langle S_n \rangle$은 상한을 갖는다.

① 수열 $\langle S_n \rangle$은 단조증가하는 것의 증명

어떤 $n = 1, 2, 3, \cdots$에 대해서도 $\frac{1}{(n+1)!} > 0$이 성립한다.
따라서

$$S_n < S_n + \frac{1}{(n+1)!} = S_{n+1}$$

에 따라 $S_n < S_{n+1}$이라고 말할 수 있으며, 수열 $\langle S_n \rangle$은 단순 증가한다.

② 수열 $\langle S_n \rangle$은 상한을 갖는다는 것의 증명

231쪽의 해답 3을 얻기까지의 과정을 사용한다. 어떤 $n = 1, 2, 3, \cdots$에 대해서도 다음이 성립한다.

$$
\begin{aligned}
S_n &= \frac{1}{0!} + \frac{1}{1!} + \frac{1}{2!} + \frac{1}{3!} + \cdots + \frac{1}{n!} \\
&\leq 1 + \frac{1}{2^0} + \frac{1}{2^1} + \frac{1}{2^2} + \cdots + \frac{1}{2^{n-1}} \\
&< 1 + \frac{1}{2^0} + \frac{1}{2^1} + \frac{1}{2^2} + \cdots + \frac{1}{2^{n-1}} + \cdots \\
&= 1 + \frac{1}{1 - \frac{1}{2}} \quad \text{등비급수의 합} \\
&= 3
\end{aligned}
$$

이므로, $S_n \leq 3$이 되며 수열 $\langle S_n \rangle$은 상한을 갖는다.
위의 ①과 ②로부터 수열 $\langle S_n \rangle$은 수렴하는 것이 증명되었다.

이 책의 수학 토크보다 한 걸음 더 나아가 '좀 더 생각해 보길 원하는' 당신을 위해 연구문제를 싣는다. 해답은 이 책에 실려 있지 않으며, 정답이 하나뿐이라고 할 수도 없다.

당신 혼자 힘으로 또는 이런 문제를 함께 토론할 수 있는 사람들과 함께 곰곰이 생각해 보기를 바란다.

제1장 위치의 변화

••• 연구문제 1 – X1 (시간)

제1장에서 t를 '시각'이라고 불렀다. '시간'은 걸린 시간, 일정한 시간, 장시간이라는 표현만을 사용하고 있다. '시각'과 '시간'의 차이는 무엇일까?

••• 연구문제 1 – X2 (미래)

제1장에서 미래를 플러스로 하는 경우가 많은 이유에 대해서 나와 유리가 대화를 나누었다(27쪽). 당신은 미래를 플러스라고 보는 경우가 많은 이유가 무엇이라고 생각하는가?

••• 연구문제 1 – X3 (원주 위를 움직이는 점)

제1장에서 직선 위를 움직이는 점만을 생각했다. 만약 원주 위를 움직이는 점을 생각했을 때, 위치와 속도는 어떻게 정의하면 좋을까?

제2장 속도의 변화

••• 연구문제 2-X1 (미분과 계차수열)

제2장의 마지막(87쪽)에서 유리가 미분과 계차수열은 비슷하다는 이야기를 했다. 수열 a_1, a_2, a_3, …의 계차수열 b_1, b_2, b_3, …은 다음의 계산으로 얻어진다.

$$b_n = a_{n+1} - a_n \qquad (n = 1, 2, 3, \ldots)$$

'위치를 시각으로 미분해서 속도를 얻는 것'과 '수열에서 계차수열을 얻는 것'에서 비슷한 점이 있는지 생각해보시오.

••• 연구문제 2-X2 (속도계)

자동차에는 속도계가 붙어있다. 이것은 자동차의 속도를 측정하는 것이라고 말할 수 있는가?

••• 연구문제 2-X3 (속도를 구할 수 없는 경우)

제2장에서는 위치가 $x = t^2$이라는 식으로 나타내는 경우의 속도에 대해서 생각하고, 시각의 변화 h를 0에 근접시키며 순간의 속도를 구했다. 그런데, 순간의 속도가 구해지지 않는 위치의 변화가 있다고 생각하는가?

제3장 파스칼의 삼각형

●●● 연구문제 3 - X1 (삼각수와 삼각뿔수)

제3장에서는 파스칼의 삼각형의 안에 나타나는 삼각수와 삼각뿔수의 도형적인 의미를 생각했다(96쪽과 101쪽). 그렇다면, 삼각뿔수를 다음과 같이 나타내는 수열

$$1, 5, 15, 35, 70, \cdots.$$

에 대해 도형적인 의미를 생각하는 것은 가능할까?

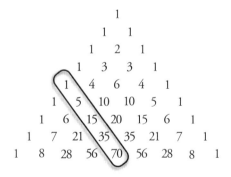

●●● **연구문제 3 – X2 (수열)**

제3장에서는 테트라가 파스칼의 삼각형의 행의 합을 알아
보았다. 그렇다면 아래와 같이 비스듬하게 배열된 수의 합
을 생각할 때 어떠한 수열이 될까?

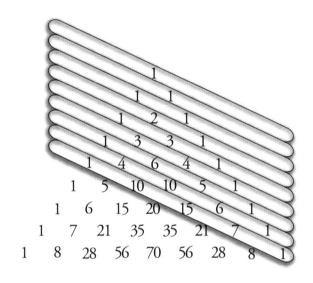

●●● **연구문제 3 – X3 (패턴)**

파스칼의 심긱형에 나오는 수에서 짝수(2로 나누어떨어
지는 수)를 ○로 표시하시오. 어떠한 패턴이 발견되는가.
그건 왜일까? 또한 3으로 나누어떨어지는 수, 4로 나누어
떨어지는 수…에 대해서도 각각 알아보시오.

제4장 위치, 속도, 가속도

●●● **연구문제 4 – X1 (몇 번이나 미분해도 정수가 되지 않는 함수)**

제4장에서는 '몇 번이나 미분해도 정수가 되지 않는 함수'의 예로 함수 $\sin x$가 나왔다. 이외에 '몇 번이나 미분해도 정수가 되지 않는 함수'가 있는지 찾아보시오.

●●● **연구문제 4 – X2 (삼각함수의 미분)**

제4장에서는 함수 $\sin x$의 도함수는 $\cos x$라는 이야기가 나왔다. 그래프의 '직선의 기울기'를 생각하며 이하의 함수 $f(x)$의 도함수 $f'(x)$를 구하시오.

$$f(x) = \sin(x + \alpha)$$

여기서 α는 x와 근접하지 않은 정수이다.

제5장 나눗셈과 곱셈의 대결

●●● 연구문제 5 – X1 (복리계산)

당신이 알고 있는 은행의 1년간의 보통예금 금리(연리)가
몇 %인지 알아보고 n년간 복리로 예금했을 경우, 처음의
원금에서 몇 배가 되는지를 계산하시오.

●●● 연구문제 5 – X2 (자연대수의 밑 e의 근사치)

제5장(202쪽)에서는 많은 n의 값에 대해서

$$\left(1 + \frac{1}{n}\right)^n$$

의 값을 계산했다. 이와 같이 n의 값에 대해서

$$\frac{1}{0!} + \frac{1}{1!} + \cdots + \frac{1}{n!}$$

의 값을 계산하시오.

맺음말

안녕하세요, 유키 히로시입니다.

《수학 소녀의 비밀노트 – 반가워 미분》을 읽어주셔서 감사합니다. '함수를 미분'하는 내용을 '변화를 파악'하는 관점을 통해 알아보았습니다. 어떠셨나요?

이 책은 케이크스(cakes)라는 웹사이트에 올린 인터넷 연재물 '수학 소녀의 비밀노트' 제41회부터 제50회까지의 분량을 재편집한 것입니다. 이 책을 읽고 '수학소녀의 비밀노트' 시리즈에 흥미를 가지게 된 분은 꼭 인터넷 연재물도 읽어보세요.

'수학 소녀의 비밀노트' 시리즈는 쉬운 수학을 주제로 중학생인 유리, 고등학생인 테트라, 미르카, 그리고 '나', 이렇게 네 사람이 즐거운 수학 토크를 펼치는 이야기입니다.

같은 등장인물이 활약하는 '수학 소녀'라는 다른 시리즈도 있습니다. 이 시리즈는 더욱 폭넓은 수학에 도전하는 수학 청춘 스토리입니다. 꼭 이 시리즈에도 관심을 가져주세요. 또한, 두 시리즈는 Bento Books에서 영어판으로 출판되었습니다.

'수학 소녀의 비밀노트'와 '수학 소녀' 이 두 시리즈 모두 응원해 주시기를 바랍니다.

집필 도중에 원고를 읽고 귀중한 조언을 주신 아래의 분들과 그 외 익명의 분들께 감사드립니다. 당연히 이 책의 내용 중 오류가 있다면 모두 저의 실수이며, 아래 분들께는 책임이 없습니다.

아사미 유타, 이소아라 유야, 이시우 테츠야, 이시모토 류타, 이나바 가즈히로, 우에하라 류헤이, 우에마츠 야키미, 우치다 요이치, 오오니시 겐토, 기타카와 다쿠미, 기무라 이츠쿠, 게즈카 가즈히로, 우에타키 가요, 사카구치 아키코, 다카이치 유우키, 다키다 도모후미, 다니구치 아신, 노리마츠 아키카, 하라 이즈미, 후지타 히로시, 본텐 유토리, 마에하라 마사히데, 마스다 나미, 마츠우라 아츠시, 미야케 기요시, 구라이 겐, 무라오카 유스케, 야마다 야스키, 요네우치 디카시.

'수학 소녀의 비밀노트'와 '수학 소녀', 두 시리즈를 계속 편집해 주고 있는 SB크리에이티브의 노자와 요시오 편집장님께 감사드립니다.

케이크스의 가토 사다아키 씨께 감사드립니다.

집필을 응원해주신 여러분들께도 감사드립니다.

세상에서 누구보다 사랑하는 아내와 두 아들에게도 감사 인사를 전합니다.

이 책을 끝까지 읽어주셔서 감사드립니다.

그럼, 다음 '수학 소녀의 비밀노트' 시리즈에서 뵙겠습니다!

유키 히로시

www.hyuki.com/girl/